生食＋熟食

營養與酵素的完美搭配，
減輕負擔的爽口佳餚！

雙菜健康餐桌

濱內千波

瑞昇文化

contents

1
有益健康且美味食材的「熟食」配菜

2

不經加熱程序，徹底活用酵素的
「生食」配菜

【本書分量之參考基準】

- 1杯為200mℓ，1大匙為15mℓ，1小匙為5mℓ。
- 本書使用的橄欖油是特級初榨橄欖油。
- 本書記載之材料以2人份為主，以及容易製作的分量。
- 熱量顯示為1人份。
- 熱量旁有便當符號標示，表示為可帶便當、冷掉也好吃的配菜。在前一天製作時，請放在密閉容器中冷藏保存。
- 微波爐加熱時間以600W為基準。請依機種加減時間。

序

時常聽到有人抱怨「很快累」「感覺沒精打采」「動不動就感冒」，或每當看到愈來愈多年輕人得到癌症與失智症，我便深深覺得平常自己動手做料理，比什麼都重要。守護我們健康的既不是醫生也不是藥物，不管是導致身體患病還是預防身體生病，都是自己至今送進嘴裡的食物。

在我的家餐桌上，基本上都會準備「熟食」和「生食」。為了維持自己與家人身體機能的正常健康，需要攝取各種營養素。但我深深體會到調整腸道環境，擁有順暢的消化道更重要。持續一星期、兩星期、一個月後，發現身體有了變化，像是肌膚變好、胃部舒暢了等等，動手做料理的樂趣也就越來越多。

餐桌上擺上親手做的暖心料理，會令家人臉上流露笑容，還會稱讚：「真好吃」。我將這些充滿愛的美饌，稱為「愛的滋味」。健康源自於愛的佳餚。請讓我透過本書為您每日的菜單盡一份心力。

濱內千波

「熟食」和「生食」配菜
推薦給大家的濱內式二菜一飯

每天要想菜色又要注重健康不是件簡單的事……相信這應該是許多人共同的心聲。我想把濱內式的二菜一飯推薦給這樣的人。方法很簡單，只要從「熟食」和「生食」當中各選一道。而且在「熟食」烹煮加熱這段期間，便可快速做好「生食」。

或許有人會覺得，「熟食」和「生食」的組合搭配，聽起來很理所當然。但我認為，試著對理所當然的事進一步思考，會對身體更加有益。

現代社會食物豐富不虞匱乏。人們也很注重健康及美容。但環顧周遭，會發現很多人有臉色黯淡無光、皮膚長出一粒粒的疹子、便秘等不適症狀。之所以會這樣，都是因為長期間採取錯誤的飲食方式。

造成不適的主要原因在於「食物無法充分消化」。食物在身體內停留太久，長期下來，不僅會對腸胃造成負擔，還會影響營養的吸收，導致腸內環境惡化變差。這是導致身體出現各種毛病的重要原因。

為了避免這種情況發生，關鍵在於讓「消化酵素」正常運作。「熟食」和「生食」的組合，正是巧妙地運用消化酵素，將營養運送到全身各處，最理想的飲食方式。接下來，本書會以簡單易懂的方式，來為各位做解說。

何謂「熟食」配菜

烹煮、燒烤過後的菜餚，能讓身體暖和、心情放鬆，是餐桌上不能欠缺的食物。食物經過加熱後會體積縮小，不僅能吃得更多，還能帶出食材本身的鮮甜，使美味倍增。不僅如此，運用一些巧思，依喜好做調味，還可以變化出各種不同的料理。

這裡最重要的是，要能從食物中攝取到身體所需的營養素。長久以來，我學習到不少營養知識，像是哪些食物可以耐高溫而哪些不行、哪些食物搭配在一起能讓營養有效吸收或妨礙營養吸收等等。因此，某些食材烹調時溫度不宜太高，而某些食材以燉煮方式調理較容易進食等等，我將把活用食材營養價值的料理介紹大家。即便是大家所熟悉的人氣菜單，也在料理上下足功夫，以便攝取充足的營養。

何謂「生食」配菜

像沙拉、拌物、泡菜、醃漬物這一類菜餚，清脆爽口，是搭配主菜不可或缺的副菜。由於製作過程中「完全不使用火」，因此這裡特地以「生食」稱呼。

蔬菜、水果、生魚中含有大量的「酵素」。而且「生鮮」的程度越高，酵素越多。將活著的酵素吃進體內，它所扮演的角色，就是把食物分解成身體容易吸收的物質。為了提高上述效果，未經烹煮的「生食」就變得非常重要。

以「熟食」形式吃進體內的魚、肉，尤其需要大量分解蛋白質和脂肪的酵素。能為人體補足酵素的就是「生食」配菜。看到這裡，您應該已經瞭解，這兩類食物是相輔相成，缺一不可的食物。為了隨時讓食物能被順利消化，腸道環境完善，身體健康有活力，「熟食」和「生食」配菜的二菜一飯，扮演了舉足輕重的角色。

藉由食物改善身體

人體細胞天天都在更新，據說三個月就幾乎全部更換成新的。而這些細胞從攝取的食物吸收養分，進行汰舊換新。換句話說，今天吃進體內的食物，幾天後便成為身體的一部分。

一般人在十幾歲、二十幾歲時，就算不注重飲食，依然可以過得很好。不過，到了三十幾歲後半，免疫力下降，人體漸漸失去自我防護的能力。此外，由於喜好改變，在飲食的選擇上，比起肉類更喜歡蔬菜，重油重鹹改為清淡，分量也偏少，因此容易造成營養不均。隨著年齡增加，身體的功能會逐漸衰弱，長期下去不只本身功能衰退速度加快，還可能慢慢出現生活習慣病（慢性病）、骨質疏鬆、失智症等疾病。

為了預防這種情況發生，希望大家從年輕時就建立健康的飲食習慣，否則等到生病再開始就太晚了。希望注重「調整身體的六項要點」。本書將平日應該攝取的食材歸納成六個要點。只要將這些食材安排在每天的菜單中，就能保有「不生病的身體」「青春美麗的肌膚與秀髮」「健壯的骨骼和肌肉」。

本書所介紹的「熟食」和「生食」配菜，是將符合六項要點的食材充分運用，最後呈現給各位讀者的菜單。所謂「藉由食物改善身體」，我有真切的體會與感受。

請務必從今天開始就來實踐看看吧。

調整身體的 6 項要點

1 積極攝取水溶性食物纖維

水溶性食物纖維具有延緩血糖上升速度、預防肥胖的功能，減肥等效果也值得期待。

2 確實攝取鈣質

要避免骨密度低下，平時就要注重骨質的保養，以預防骨質疏鬆症的發生。

3 攝取足夠的蛋白質

從魚、肉等食物中攝取足夠的蛋白質，以打造強健骨骼。

4 挑選好油

選用橄欖油、亞麻仁油等健康的油，能讓血液清澈，美化肌膚。

5 借助蔬菜的力量

蔬菜含有豐富酵素與具有強烈的抗氧化功效，可預防老化，關閉身體生病的開關。

6 藉由發酵食品攝取乳酸菌

發酵食品中含有乳酸菌，能調整腸道環境，預防一切疾病。

從 6 項要點掌握

營養與食材

1 積極攝取水溶性食物纖維

所謂水溶性食物纖維，顧名思義就是可以溶解於水中的食物纖維。像蔬菜中含的大量果膠，藻類中含的藻酸等，都具有水溶性。

水溶性食物纖維具有很好的保水力，一旦溶於水中，就會形成具有黏性的膠狀物質，可以延緩糖份吸收，發揮減肥效果，因此與抑制餐後血糖急遽上升、預防肥胖與糖尿病息息相關。此外，還具備吸附膽固醇等多餘脂質，並將其排出體外，保護腸道黏膜，增加益菌發揮整腸，達到預防各種疾病的功效。除了附圖所示之外，也要多多攝取納豆、乾香菇、黃豆粉等食材。

2 確實攝取鈣質

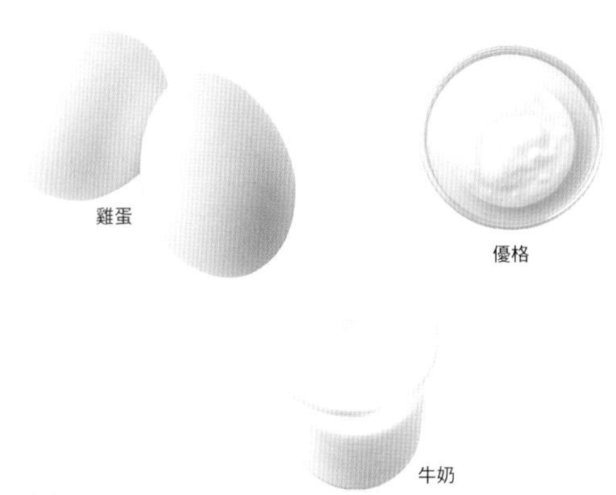

相信大家應該知道牛奶、雞蛋、優格、起司中含有豐富的鈣質。鈣是構成骨骼的重要營養素，但是從20歲起，骨頭就會開始變細。如果一直不注重鈣質的攝取，到了70歲、80歲，可能造成骨頭呈現中空疏鬆，患有容易骨折的骨質疏鬆症。

因此持續從日常飲食中補充鈣質，維持骨質密度，避免骨質流失很重

3 攝取足夠的蛋白質

蛋白質是構成人體各種組織和器官的重要營養素，如肌肉、血液、臟器等。要有充足的肌肉群，才能確實支撐骨骼，建構健全的骨架，因此攝取蛋白質就變得極為重要。然而，成年人每日蛋白質的攝取量未達標準是現況。即使年紀越來越大，需要的蛋白質仍跟年輕時（二十歲以上）一樣，因此建議每日以300克為目標來攝取肉類或魚類。

話雖如此，但要吃進那麼多肉並不容易。因此除了肉類，若能將魚、蛋、豆腐、牛奶、納豆等食物加以組合搭配，要達到一天300克的目標，應該就沒那麼困難。除了附圖的食材，豬肉、火腿、鮪魚、沙丁魚、大豆、金槍魚罐頭的食物，都是蛋白質的食物來源。

鯖魚罐頭
雞肉
豆腐
綜合生魚片
鮭魚
雞蛋

要。而奶類的鈣質吸收率最高，因此建議每日攝取一杯以上。此外，若搭配含有維生素D的魚類海產、蕈菇類一起食用，還能進一步提升鈣質的吸收率。除了附圖的食材，櫻花蝦、魩仔魚、芝麻、羊栖菜等都是很好的鈣質來源。

起司
小松菜
柴魚片

4 挑選好油

我們經常聽到「食物太油膩容易消化不良」這樣的話，原因就在於挑選食用油的方式並不正確。像橄欖油這類可降低膽固醇，保持血管通暢，富含油酸的油，由於能快速被人體細胞吸收，迅速轉換成能量，所以就是不容易造成消化不良的「好油」。

除了橄欖油之外，我也十分推薦亞麻仁油、荏胡麻油。由於富含油酸、亞麻酸、DHA和EPA，因此可以期待讓血液變清澈、降血壓、美化肌膚等功效。不過這種油的缺點是容易氧化、不耐熱。橄欖油可加熱烹調，高溫加熱卻會降低亞麻仁油、荏胡麻油的功效，因此務必採取「生食」的方式。

橄欖油

亞麻仁油

5 借助蔬菜的力量

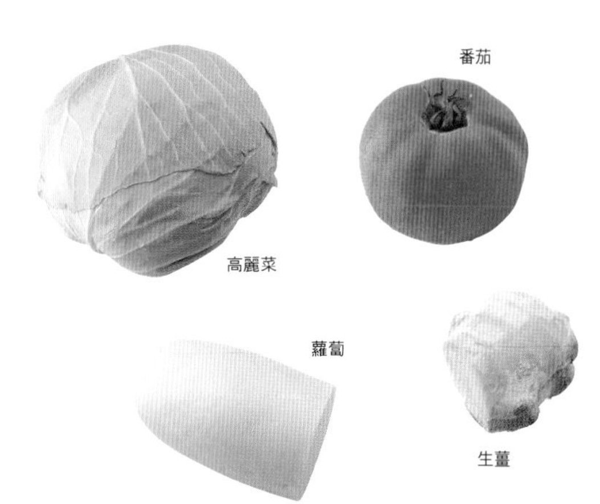
番茄

高麗菜

蘿蔔

生薑

一旦吃進肚子的食物難消化，腸道環境變差，身體就會發生問題。尤其是油脂和肉類，即便是強烈的胃酸，也要花上一段時間才能分解。據說油脂停留在胃裡的時間是12小時，肉類則是6到9小時。這時就需要「酵素」來幫忙。由於分解能力提高了，消化吸收速度變快，對內臟的負擔也大為減輕。由於酵素大量存在於新鮮蔬菜中，因此在保留酵素活性的狀態吃下肚是重點。

另外，酵素會被強烈的胃酸所破

6 藉由發酵食品攝取乳酸菌

起司、鹽麴、泡菜、味噌、優格等發酵食品中所含的「乳酸菌」是調整腸道的最佳幫手。乳酸菌進入人體後，主要有兩種作用。其一是活著進入腸道內增加益菌數量。其二，雖然一部分的乳酸菌會被胃酸殺死，但據說死菌體也具有促進免疫反應，提升免疫力的功用。

此外，發酵食品含有豐富的酵素，能把食物分解成身體容易吸收消化的物質。比起新鮮蔬菜，效果更值得期待。發酵食品擁有如此強大的功能，是預防所有疾病不可或缺的食品。除了附圖提供的食材，也推薦大家食用醃蘿蔔、醬油、橄欖等食品。

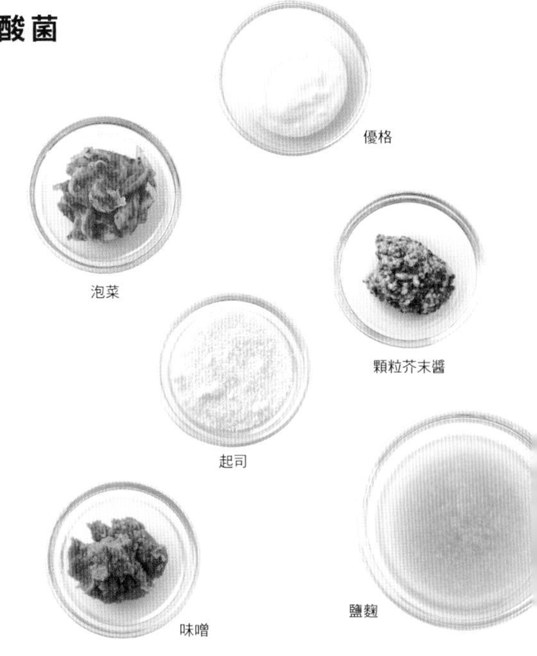

壞，因此飯前可以喝點水沖淡胃酸，先吃酵素能力強的蔬菜再攝取肉類，就不太會喪失酵素的分解能力。

不僅如此，蔬菜具有抗氧化能力，能預防身體氧化。所謂氧化就是身體生鏽，是導致黑斑、皺紋增加，形成老化的原因。茄子所含的多酚、番茄中的番茄紅素、洋蔥中含的硫化物等，都是實力強勁的抗氧化物的代表選手。除了附圖的食材外，紅甜椒、蘋果、紅辣椒、芝麻中也含有大量的抗氧化物質。

1

有益健康且美味食材的

「熟食」配菜

料理的方式不外乎就是炒、煎、蒸，雖然和一般做法沒有兩樣，但如果想增加食材的獨特風味，就請用加熱方式來烹調。

在這裡重要的是，要有意識地將蛋白質、鈣質、好油、發酵食品等加入料理中。因為那是打造健康身體與美麗肌膚的基礎。

在食材選擇上，除了魚、肉、蔬菜外，我也均勻地用上香菇、乾貨、水果、香草植物等有益健康的食材。為大家獻上精心搭配的40道菜餚。

*強化黏膜，鞏固骨骼及牙齒

小松菜炒鮮菇 >>84kcal

材料・2人份

小松菜…1把（200g）
鮮香菇…3朵
蒜頭…1瓣
鹽…1/3小匙
胡椒粉…少許
酒…1大匙
沙拉油…1大匙

作法

1 小松菜切為長段，香菇去蒂，斜刀切成薄片。蒜頭拍碎。

2 平底鍋內倒入沙拉油，放入大蒜炒香後，加入小松菜、香菇一起拌炒。用鹽和胡椒粉調味，最後以畫圈方式淋上酒。

熟食memo

香菇對小松菜中所含鈣質的吸收率有提高作用。炒菜時產生的湯汁營養也很豐富，記得淋在飯上或用麵包沾取，將營養通通吃進肚子。

＊藉由補充鈣質來強化骨骼

豆皮鑲鯖魚罐頭與菠菜煮 >>263kcal

材料・2人份

菠菜…1/4把(50g)
水煮鯖魚罐頭…1罐(190g)
日式豆皮…2片
雞蛋…1個
薑末…1湯匙
水…1又1/2杯
醬油…1大匙
糖…1/2大匙
太白粉水…2小匙

作法

1 菠菜放入加鹽滾水中，燙一下即撈起浸冷水，擠掉水分後，切成3～4公分長。
2 將豆皮切成片狀，放入開水中燙一下，撈出擠乾水分，將豆皮打開成袋狀。
3 在碗裡加入作法1的材料、瀝乾湯汁的罐裝鯖魚、雞蛋、醬油等，攪拌均勻。將這些材料填入豆皮中，最後用牙籤將開口處封住。
4 鍋裡倒入清水，加入醬油、糖，把作法3的食材擺進鍋中。沸騰之後轉成中火繼續加熱，烹煮至熟透後，最後用太白粉水芶芡即可。

熟食memo

菠菜在蔬菜中含有豐富鈣質，建議搭配連同魚骨頭做成罐頭的鯖魚來充分攝取。此外，鯖魚含有維生素D，能使鈣質吸收增加。

*眼睛感到疲勞時，試試茄子與豬肉的組合

豬肉煮茄子 >>173kcal

材料・2人份

茄子…3個
豬肉（切薄片）…100g
薑汁…1湯匙分
*煮汁
水…1杯
醬油…2大匙
糖…1/2大匙
醋…1小匙
昆布絲…2g

作法

1. 在茄子表面劃上細紋路，然後切成一口大小。
2. 煮一鍋水，當水滾後熄火，放入豬肉過一下熱水，倒入漏勺瀝水。
3. 將煮汁和昆布絲放入另一個鍋子，煮至沸騰後倒入茄子，將豬肉攤平鋪在上面，蓋上鍋蓋。以較強的中火燜煮10分鐘。
4. 豬肉、茄子煮熟入味後，淋上一圈薑汁，再迅速拌勻。

熟食memo

茄子的表皮中含有花青素等物質，具有消除眼睛疲勞的作用。瘦豬肉則含有維生素B_1，對視神經的健康有幫助。兩者一起烹調食用，來保護我們重要的靈魂之窗。

*維護眼睛和鼻子的黏膜，也能增強抵抗力

肉桂風味南瓜煮 >>177kcal

材料・2人份

南瓜…1/4個(300g)
肉桂粉…少許
培根…1條
水…1杯
鹽…1/3小匙

作法

1 南瓜連皮切成一口大小的塊狀，將南瓜皮朝下排入鍋裡。
2 於作法1中加入切成三段的培根，再加水、鹽、肉桂粉，以較弱的中火烹煮。待煮滾後，將湯汁煮至略微收乾。

食memo

想要活用培根鹹香的好滋味，秘訣就在於將南瓜的調味調淡。甜味也因此突顯出來。南瓜的β-胡蘿蔔素能保護黏膜，達到預防感染的作用。

醃漬香煎胡蘿蔔 >>226kcal

材料・2人份

胡蘿蔔…1又1/2根(300g)

＊醃漬液

水…1/4杯
鹽…1/2小匙
橄欖油…2大匙
蒜末…1瓣分
巴西里碎末…1大匙

粗粒黑胡椒…少許
橄欖油…2大匙

作法

1 將胡蘿蔔切粗長條狀(a)。

2 調製醃漬液。將水、鹽放入淺盤上，充分攪至鹽融化後，慢慢加進橄欖油混和。最後加入蒜末、巴西里碎末，將所有材料混拌均勻。

3 平底鍋中倒入橄欖油並加熱，把胡蘿蔔煎成焦黃後，趁熱倒入作法2的醃漬液中浸漬，醃漬入味後盛盤，撒上粗粒黑胡椒。

a

熟食memo

胡蘿蔔在煎的過程中會縮水，所以訣竅在於切得稍微有厚度，來保有美味的外觀。胡蘿蔔煎過甜味會更明顯。而胡蘿蔔中所含的維生素A能維持皮膚和黏膜的健康。

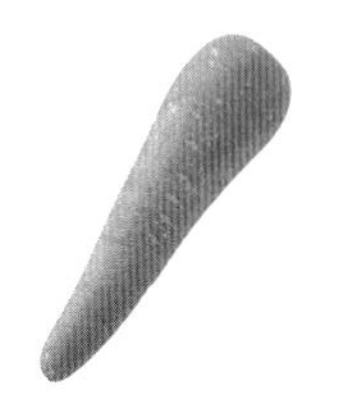

絞肉天婦羅 >>293kcal 

材料・2人份

茄子 … 1個
櫛瓜 … 1條
雞絞肉 … 50g
＊麵衣
麵粉 … 4大匙
太白粉 … 1大匙
水 … 4大匙
咖哩粉 … 1/2小匙
沙拉油 … 1小匙
紅辣椒切成圈狀 … 1條
鹽 … 少許
油炸油 … 適量

作法

1 將茄子縱切成六等份，將櫛瓜先切成一半的長度後，再縱切成四等份。
2 在大碗裡加入麵衣材料、雞絞肉，攪拌均勻。
3 鍋裡倒適量的油，油溫加熱至約170度，將櫛瓜表面裹上作法2的雞絞肉麵衣，下鍋炸成酥脆。接著稍微提高油溫，以同樣的方式炸好茄子。盛盤後，再撒上適量的鹽。

熟食memo

蔬菜甜度高，很容易就焦掉，所以一開始先用170度的油溫炸好櫛瓜。再把油溫提高到180度，就能炸出金黃酥脆的茄了。茄了的表皮中含有的花青素，能有效緩解眼睛的疲勞。

蔬菜跟鯖魚罐頭的抗氧化湯 >>247kcal

材料・2人份

南瓜 … 100g
胡蘿蔔 … 1/3條（50g）
茄子 … 1個
蔥 … 20g
水煮鯖魚罐頭 … 1罐（190g）
水 … 2杯
味噌 … 1大匙左右
番茄醬 … 1小匙
七味唐辛子粉 … 少許
橄欖油 … 1/2大匙

作法

1 南瓜帶皮切成一口大小，胡蘿蔔、茄子切成厚度約1公分的半月形。蔥切成2公分的長段。
2 鍋裡放入水、南瓜、胡蘿蔔，煮至軟熟。
3 在平底鍋裡倒入橄欖油，倒入茄子翻炒，接著倒進作法2的鍋裡頭。將水煮鯖魚罐頭的湯汁瀝掉後，把魚肉也加進去，煮滾後加進味噌和番茄醬調味。
4 最後把蔥丟進去，很快地煮一下，倒入容器中，撒上七味唐辛子即可。

食memo

這是結合南瓜、胡蘿蔔與茄子三種蔬菜力量，具有很強的抗氧化效果的一道湯品。只要加入少量的番茄醬，就能使美味度和清爽感提升，同時還有助於抗氧化。

料多的蔬菜燉湯 >>229kcal

材料・2人份

馬鈴薯…1個
洋蔥…1個
胡蘿蔔…1/2根（100g）
西洋芹…1/2根
維也納香腸（Wiener）…4條
水…1杯
番茄汁（市售）…1/2杯
鹽…2/3小匙
粗粒黑胡椒…少許

作法

1 馬鈴薯切成一口大小，洋蔥切成較大的扇形。胡蘿蔔切成1公分厚的輪狀，西洋芹切成3公分長的小段。

2 將作法1的材料、1/4杯的水（分量外）倒入鍋裡，再蓋上鍋蓋燜煮。

3 食材燉煮到軟爛後，加入維也納香腸、水和番茄汁，繼續煮到入味。最後，加鹽、粗粒黑胡椒調味即可。

熟食memo

每天承受太多壓力，是讓身體提前氧化，導致老化等問題產生的原因。讓我們藉由加了四種具備優異抗氧化效能的蔬菜燉湯，幫助身體年輕不生鏽。

※幫助腸道進行大掃除，使排便順暢

牛蒡濃湯 >>201kcal

材料・2人份

牛蒡…1根
洋蔥…1/4個
水…1/2杯
牛奶…1杯
鹽…1/2小匙
粗粒黑胡椒…少許
橄欖油…1大匙

作法

1 先將牛蒡表面的泥沙清洗乾淨，跟洋蔥都切成薄片備用。
2 在平底鍋裡倒入橄欖油，放入洋蔥翻炒，加入牛蒡一起拌炒後，加入水，蓋上鍋蓋蒸煮。
3 待牛蒡煮軟後，連同牛奶一起放入調理機，攪打至細膩柔滑的狀態。倒回鍋中加熱，最後加鹽和粗粒黑胡椒調味即可。

希望大家充分品嚐到牛蒡的甜味與美味的一道湯品。牛蒡的膳食纖維含量是蔬菜之冠，是促進腸道蠕動，預防便秘和肥胖的重要食材。

牛蒡與鮪魚的明太子沙拉 >>232kcal

材料・2人份

牛蒡…1根
鮪魚罐頭…1小罐
明太子…30g
美乃滋…3大匙
鹽・胡椒粉…各少許
巴西里碎末…1大匙

作法

1 將牛蒡表面泥沙清洗乾淨後，斜切成薄片。連同水一起放入鍋中，以中火煮至水滾，待牛蒡汆燙至軟後，撈起瀝乾。

2 將瀝乾罐中湯汁的鮪魚、明太子、美乃滋、鹽和胡椒粉混合拌勻，再加入作法1的材料大致拌勻。盛盤後再撒上巴西里碎末即可。

熟食memo

只要加入人人都愛的鮪魚和明太子，牛蒡就能吃個不停。鮪魚含有人體吸收率高的EPA和DHA，牛蒡則含豐富菊糖，兩者搭配食用，具有淨化血液，抑制血糖值急遽上升的功效。

牛蒡堅果沙拉 >>169kcal 

材料・2人份

牛蒡…1根
堅果類（任何種類皆可）…30g
水…1大匙
醋…1大匙
糖…1/2大匙
醬油…1/2大匙

作法

1 牛蒡表面泥沙清洗乾淨後，先用擀麵棍將牛蒡表面敲一敲，切成一口大小。連同水一起放入鍋中，以中火煮至水滾，待牛蒡汆燙至軟後，撈起瀝乾。

2 堅果連皮一起敲碎，將分量內的水、醋、砂糖、醬油混合，最後加入牛蒡拌勻即可。

熟食memo

不管是花生、杏仁或腰果，任何類型的堅果都OK。堅果的表皮含有一種酚類物質，而堅果中含有豐富的油酸，將堅果整個吃下肚，來達到預防文明病的發生。

具有消除胃部不適，能起到很好的保護作用

秋葵跟炸豆皮的熱沙拉

>>63kcal

材料・2人份

秋葵…1包
油豆皮…1張
鹽麴…1大匙

作法

1 水（分量外）煮滾加少許鹽，將秋葵放入滾水中汆燙1至2分鐘，時間到就立即撈起放入冷水中冷卻。瀝乾水分，秋葵一個斜切成兩半。
2 平底鍋中放入豆皮，煎至表面呈金黃色後，起鍋切成1公分寬的長條。
3 將作法1的秋葵和作法2的炸豆皮混合均勻，最後以鹽麴調味即可。

熟食memo

秋葵中所含的黏液能保護腸胃，且能讓血糖穩定且緩慢上升。鹽麴為發酵食品，含有強烈作用的分解酵素，可提高腸胃消化吸收的能力，預防消化不良而引起的腹脹。

＊能調整腸道環境，使骨骼強壯

烤秋葵奶油培根 >>145kcal

材料・2人份

秋葵…1包
蔥…1根
培根…1條
雞蛋…1個
牛奶…1大匙
可融化的起司絲…20g
鹽…1/4大匙
粗粒黑胡椒…適量

作法

1 在蔥表面劃上幾道刀痕，切成3公分的長段。培根切成寬1公分的長條狀。

2 將雞蛋、牛奶、可融化的起司絲、鹽攪拌均勻備用。

3 將秋葵和作法1的材料擺入耐熱器皿中，淋上1小匙水（分量外），封上保鮮膜，放入微波爐（600W）加熱3分鐘。加熱完立刻倒入作法2的材料加以混合均勻，不用覆上保鮮膜再加熱1分鐘。待起司絲融化後盛盤，撒上粗粒黑胡椒即可。

食memo

用微波爐加熱至整體呈黏稠狀，這道菜就完成了。盤裡的醬汁也別剩下，記得沾取食材一起享用。秋葵含有大量的膳食纖維，牛奶和起司則含有豐富的鈣質，享用這道菜可同時達到整腸、強健骨骼的功用，可以說是一舉兩得。

＊能補血、預防貧血、美化秀髮

簡單微波蒸蛋豆腐風味 >>116kcal

材料・2人份

雞蛋…2個
白蘿蔔乾絲（乾燥）…10g
水…1杯
羊栖菜（乾燥）…5g
味醂…1大匙
醬油…1/2小匙
鹽…少許

作法

1 將白蘿蔔乾絲洗淨，在分量內的水中充分搓揉。羊栖菜加入熱水，封上保鮮膜，浸泡5分鐘後，瀝乾水分。

2 白蘿蔔乾絲大致切成大段，連同水一起加入鍋中，再加入羊栖菜、味醂、醬油、鹽，蓋上鍋蓋燜煮5分鐘。

3 將打散的蛋液倒入作法2中混合均勻，倒入耐熱器皿中，封上保鮮膜。放入微波爐加熱（600W）1分30秒後取出，把整個攪拌均勻即可。

熟食memo

乾貨完全不用預先泡發，藉著燜煮過程泡軟膨脹，讓食材中的營養釋放到湯汁中。甜味與美味也會更升級。羊栖菜和白蘿蔔乾絲中含有大量的鐵質，因此對於改善貧血也有幫助。

*改善火氣大、煩躁不安等更年期症狀

雜錦炒蛋 >>302kcal

材料・2人份

雞蛋…2個
可融化的起司絲…20g
木綿豆腐…1塊
青江菜…1株
麵粉…適量
鹽…1/3小匙
胡椒粉…少許
醬油…1大匙
柴魚片…2g
橄欖油…1大匙

作法

1 豆腐切成一口大小，以廚房紙巾包覆吸乾其表面水分。青江菜切成4至5公分的長段，葉柄剝開。

2 將雞蛋與可融化的起司絲混合備用。

3 平底鍋中倒入橄欖油加熱，放入裹上麵粉的豆腐，用中火煎至兩面金黃後取出。

4 用作法3的平底鍋拌炒青江菜，加鹽和胡椒粉調味。再把豆腐回鍋一起翻炒，醬油以畫圓方式淋上，倒入作法2的材料，整個攪拌均勻後盛盤，撒上柴魚片即可。

 食memo

豆腐中含有大豆異黃酮，具有改善火氣大、燥熱的作用，推薦給在意更年期症狀的人食用。青江菜中所含的維生素C，也能有效緩和更年期煩躁不安的症狀。

芡汁鮪魚蛋 >>274kcal

材料・2人份

雞蛋…4個
蔥…1/2根
鮪魚罐頭…1小罐
鹽・胡椒粉…各少許
*調味料
水…1杯
糖…1大匙
酒…1大匙
鹽…1/2小匙
太白粉水…2大匙
沙拉油…1大匙

作法

1 將蔥縱切成兩半後，再斜切成薄片。
2 將雞蛋打入碗中，將雞蛋打散，然後加入蔥白、瀝乾罐頭湯汁的鮪魚、鹽、胡椒，充分攪拌均勻。
3 在平底鍋中加熱橄欖油，一口氣倒入作法2的材料（a），略攪拌成團狀。待表面凝固後翻面，煎至鬆軟，盛盤備用。
4 將調味料加入鍋中煮開後，用太白粉水勾芡。把鍋子從火上移開，加入蔥綠的部分，最後往煎好的煎蛋淋上即可。

a

熟食memo

鮪魚能有效提高記憶能力及改善失智症，雞蛋則含有完整平衡營養素，兩者結合而成的一道菜餚。由於雞蛋裡加入酵素作用強烈的蔥，做出來的成品口感鬆軟。

＊大麥能抑制血糖值急遽上升

大麥炒蛋 >>300kcal

材料・2人份

雞蛋…3個
大麥(煮熟的)…100g
花椰菜…100g
鹽・胡椒粉…各適量
橄欖油…2大匙
粗粒黑胡椒…少許

作法

1 將花椰菜分切成小朵狀。
2 將雞蛋打散，加入煮熟的大麥、1/2小匙鹽、少許胡椒粉攪拌均勻。
3 在平底鍋中倒入1大匙橄欖油加熱，加入花椰菜略炒之後，撒上少許的鹽和胡椒粉，加入作法2中攪拌均勻。
4 鍋內再加1大匙橄欖油加熱，將作法3的材料快速翻炒至鬆軟收尾。盛盤後，撒上少許粗粒黑胡椒粉即可。

熟食memo

大麥雖然是穀物類卻有益健康，請當成蔬菜運用在沙拉等料理中。由於具有抑制血糖值急遽上升的功效，因此據說在防治糖尿病上有良好的效果。

＊非常適合用來消除疲勞及增強體力

蘆筍豬肉捲 >>183kcal

材料・2人份

綠蘆筍 … 4根
豬五花肉片 … 4片
鹽・胡椒粉 … 各少許
麵粉 … 適量
粗粒芥末籽醬 … 適量

作法

1 綠蘆筍削除根部硬皮。
2 將豬五花肉攤平，撒上鹽和胡椒粉，表面均勻撒上一層麵粉。將麵粉的面朝下，包著蘆筍捲起。
3 將平底鍋加熱，滾動作法2的同時將整體煎至上色，盛盤，並附上粗粒芥末籽醬。

熟食memo

綠蘆筍中所含的天門冬胺酸，與豬肉的維生素B_1，適合用來幫助恢復體力及滋養強身。熱騰騰的蘆筍搭配美味的豬肉，享受兩者交織出的和諧食感。

菠菜炒里肌 >>179kcal 

材料・2人份

菠菜…1把(200g)
豬里肌肉(肉塊)…150g
蒜頭…1瓣
鹽・胡椒粉…各適量
太白粉…1小匙
沙拉油…1大匙
酒…1大匙
粗粒黑胡椒…少許

作法

1 蔥切成4到5公分的長段，蒜頭切成薄片。
2 豬肉切成5毫米厚的片狀，撒上1/2小匙鹽和少許胡椒粉調味，抹上少許太白粉。在這裡加入沙拉油拌勻。將里肌肉片排入鍋中，煎至兩面上色後取出。
3 在作法2的鍋中放入蒜頭快速拌炒，接著加入菠菜略炒，加少許鹽、胡椒粉，1大匙酒調味。
4 將作法3的肉片鋪在盤上，最後撒上粗粒黑胡椒即可。

冬季的菠菜含有豐富的維生素C，最適合用來預防感冒。而蒜頭中含的硫化物，能幫助人體吸收里肌肉中所含的維生素B_1，使人精力充沛。

豬肉泡菜鍋 >>190kcal

材料．2人份

里肌肉片 … 100g
白菜泡菜 … 50g
白菜 … 200g
菠菜 … 1/4把(50g)
水 … 2杯
醬油 … 1大匙
味醂 … 1大匙

作法

1 豬肉片切成兩半，白菜和菠菜切成大塊狀。
2 鍋中倒入水、醬油與味醂攪拌均勻，再放入肉片和白菜煮滾。
3 接著加入菠菜、白菜泡菜，快速煮熟即可。

熟食memo

搭配著泡菜的辛辣感，盡情享用豬肉與冬季蔬菜。能讓身體由內而外暖和起來，是怕冷體質的人最愛的一道鍋物料理。此外，泡菜能誘發免疫細胞的活性，讓人在寒冷的冬天不知風寒為何物。

豬肉捲 >>413kcal 

材料・2人份

梅花豬肉片…4片
鹽・胡椒粉…各少許
麵粉…1/2大匙
*餡料
絞肉…150g
鹽・胡椒粉…各少許
巴西里碎末…1大匙
洋蔥碎末…1/4個分
馬鈴薯…1個
洋蔥…1/4個
胡蘿蔔…30g
巴西里…少許
番茄醬…適量
伍斯特醬…適量
橄欖油…1大匙

作法

1 取梅花豬肉片攤平後，撒上鹽和胡椒粉，使肉片表面均勻的沾上麵粉。
2 調製餡料。把絞肉、鹽、胡椒粉和巴西里碎末放入碗中攪拌均勻，加入洋蔥一起拌勻。將餡料分成四等份，搓成圓球狀，鋪上作法1的豬肉片捲成卷狀（a）。
3 馬鈴薯、洋蔥、胡蘿蔔切成1公分的小丁備用。鍋內倒進橄欖油熱鍋後，放入切丁的馬鈴薯、洋蔥、胡蘿蔔，中火翻炒。鍋中空出空間，滾動著作法2來煎，煎至表面微焦，蓋上鍋蓋燜燒。煮熟後，連同蔬菜一起盛盤，以巴西里裝飾。
4 番茄醬加伍斯特醬混合調勻，淋在肉捲上即可。

a

熟食memo

在絞肉中加入少許的巴西里和洋蔥很重要。由於兩者的蛋白分解酵素的分解力相當強勁，烹調好的肉質才能柔嫩豐滿又多汁。不僅幫助消化，還能將一天的疲勞一掃而空。

焗烤雞肉 >>517kcal

材料・2人份

雞腿肉…100g
洋蔥…1/4個
蘑菇…4個
花椰菜…100g
馬鈴薯…2個
牛奶…1又1/2杯
可融化的起司絲…40g
鹽・胡椒粉…各適量
粗粒黑胡椒…少許
麵粉…2大匙
橄欖油…2大匙

作法

1 雞肉切成一口大小，撒上少許的鹽和胡椒粉。洋蔥切成碎末，蘑菇切薄片，花椰菜分成小朵。

2 馬鈴薯覆上保鮮膜放入微波爐加熱（600W），每一顆各加熱3分鐘，趁熱剝去外皮搗碎。加入鹽、胡椒粉稍微調味，倒入耐熱器皿中備用。

3 麵粉加入1大匙橄欖油充分調勻。

4 平底鍋內倒入1大匙橄欖油加熱，將雞肉置入鍋中，在上面鋪上洋蔥和蘑菇，蓋上鍋蓋以中火燜煮，並須注意不要煮得過焦。這時將牛奶倒入煮滾後，加入2/3小匙鹽、少許胡椒粉調味。

5 接著放入花椰菜和一半的可融化的起司絲煮熟，加入作法3一同拌勻（a）。拌至濃稠後，倒在作法2上，撒上剩下的另一半起司和粗粒黑胡椒，放入烤箱烤至表面略呈金黃色即可。

a

熟食memo

藉由麵粉加橄欖油就能增加黏稠度，所以是一道不需要另外製作白醬的簡單焗烤料理。這道菜裡有雞肉，含豐富鈣質的起司及牛奶，還有滿滿的蔬菜，是營養均衡的一品。一次做多一點放在冷凍庫，下次要吃就很方便。

伍斯特醬煮雞肉 >>360kcal

材料・2人份

雞腿肉…1片
鹽・胡椒粉…各少許
洋蔥…1/2個
鴻禧菇…1包
水…1/2杯
伍斯特醬…3大匙
沙拉油…1大匙

作法

1 雞肉切成一口大小，撒上鹽和胡椒粉。將洋蔥切成1公分寬的扇形，鴻禧菇去蒂頭剝散。

2 平底鍋內倒入沙拉油加熱，將雞肉放入煎成表面呈金黃色後，再將洋蔥、鴻禧菇一起加入快速拌炒。

3 在作法2裡加入水和伍斯特醬，中火煮滾後，繼續煮至入味即可。

食memo

鴻禧菇中含有抑制麥拉寧黑色素生成的物質，因此可以預防皺紋、雀斑的產生。雞皮中則含有豐富的膠原蛋白，可別捨棄不用。

＊改善血液循環，締造明亮美肌

胡蘿蔔泥蒸雞 >>221kcal

材料・2人份

雞胸肉 … 1副
胡蘿蔔 … 30g
西洋芹 … 1/2根(50g)
水 … 1杯
鹽・胡椒粉 … 各適量
亞麻仁油 … 適量
橄欖油 … 1大匙

＊可以改用橄欖油或荏胡麻油來取代亞麻仁油。

作法

1 雞肉去皮，撒上1/3小匙鹽和少許胡椒粉，加入磨成泥狀的胡蘿蔔泥，用手搓揉。
2 平底鍋內倒入橄欖油加熱，放上作法1的材料，蓋上鍋蓋小火加熱，約蒸煮10分鐘左右。
3 西洋芹切大塊後，連同水一起放入調理機中，製成醬汁。倒入鍋中加熱至稍微呈黏稠質地後，再加少許鹽和胡椒粉調味。
4 盤內倒入作法3的醬汁，將雞肉切成容易食用的大小後盛盤，淋上橄欖油即可。

熟食memo

雞胸肉容易乾柴，不過只要抹上胡蘿蔔泥，口感就會變得濕潤！在強力分解酵素的作用下，可以將肉質烹調得更軟嫩。風味絕佳的芹菜，在這道菜中也扮演了重要的角色。

雞肉丸子燴舞茸菇

>>185kcal

材料・2人份

雞絞肉 … 150g
鹽・胡椒粉 … 各少許
伍斯特醬 … 1/2大匙
薑末 … 1湯匙
舞茸菇 … 1/2包
小町麩（乾燥）… 10個
水 … 1杯
醬油 … 1大匙
太白粉水 … 1大匙
荏胡麻油 … 1小匙

作法

1 將舞茸菇去蒂頭剝散後，鋪在絞肉上（a）。小町麩用水泡發後，擰乾水分備用。

2 將絞肉、鹽、胡椒粉放入碗內後充分抓捏，加入伍斯特醬、醬油拌勻。分成10等份，揉成橢圓形。

3 鍋內倒進荏麻油熱鍋後，將作法2的雞肉丸下鍋，煎至兩面微黃。鍋緣放上舞茸菇略煎，加入水和醬油煮滾。加入小町麩煮5分鐘，最後以太白粉水勾芡即可。

a

熟食memo

事先將舞茸菇鋪在絞肉上，可藉由酵素的分解力使肉質軟化。此外，舞茸菇含有豐富的多醣體，能增強人體免疫力。而麥麩則吸附滿滿營養的湯汁，非常好吃！

＊能提供立即的能量，使身體有氣力

簡單咖哩飯 >>370kcal（不含白飯）

材料・2人份

牛肉切碎塊…150g
糖…1大匙
洋蔥…1/2個
胡蘿蔔…1/3根（50g）
生薑…1湯匙
馬鈴薯…1/2個
水…1又1/2杯
咖哩粉…1大匙
醬油…少許
鹽・胡椒粉…各適量
白飯…適量
橄欖油…2大匙

作法

1 牛肉撒上糖，用1大匙橄欖油炒過後，撒上少許的鹽和胡椒粉。

2 將洋蔥、胡蘿蔔、薑切成碎末，用1大匙橄欖油拌炒。炒至軟後加水煮滾，加入咖哩粉、1小匙鹽攪拌均勻。接著將馬鈴薯磨成泥加入鍋中，以中火烹煮3至4分鐘。

3 湯汁煮至濃稠後，放入作法1的材料快速的煮一下，加醬油調味。在盤裡擺好米飯，將咖哩淋上即可。

熟食memo

味道清爽，卻帶有層次感和辛辣味。由於馬鈴薯、薑、胡蘿蔔含有大量酵素，可以幫助米飯消化、促進吸收，快速轉化成能量。

＊讓肌膚充滿彈性，保持年輕

鮭魚排佐茄汁 >>340kcal 

材料・2人份

生鮭魚 … 2片
杏鮑菇 … 1包
番茄 … 1個
洋蔥碎末 … 50g
鹽・胡椒粉 … 各適量
羅勒葉 … 適量
橄欖油 … 2大匙

作法

1 鮭魚撒上少許的鹽和胡椒粉，杏鮑菇縱切成半，番茄切成1公分的小丁。
2 平底鍋中倒進1大匙橄欖油加熱，放入鮭魚，以較強的中火煎至兩面呈現略焦的金黃色。也將杏鮑菇放入煎至上色後取出。
3 在作法2的鍋內倒進1大匙橄欖油加熱，放入洋蔥、番茄炒過，加鹽、胡椒粉各少許調味。最後放入羅勒葉快速翻炒。
4 將作法3的材料倒入盤內鋪平，再鋪上作法2，並綴以羅勒葉即可。

食memo

番茄中的維生素C與蛋白質結合，可以形成膠原蛋白。鮭魚肉的紅色部分和羅勒除了有很強的抗氧化作用外，還具有延緩老化功效。每個人都希望自己能永遠保持青春美麗，對吧。

*具有淨化血液等效果，對身體好處多多

鯖魚香味淋醬 >>168kcal 

材料・2人份

鯖魚 … 1/2尾
胡蘿蔔 … 30g
洋蔥 … 1/2個
酸黃瓜 … 1條
檸檬 … 1/4個
水 … 1杯
鹽・胡椒粉 … 各適量
粗粒黑胡椒 … 少許

作法

1 鯖魚切成四大塊，在表面撒上少許的鹽和胡椒粉。
2 胡蘿蔔切絲，洋蔥、酸黃瓜、檸檬切成薄片。
3 把一半的胡蘿蔔、洋蔥、醃黃瓜放入鍋中鋪平，再鋪上一半的檸檬片、鯖魚。接著依序放入剩下一半的檸檬、蔬菜，慢慢注入水。加入1/3小匙鹽後蓋上鍋蓋，大約蒸煮10分鐘。
4 關火靜置，待其入味後盛入器皿中，撒上粗粒黑胡椒即可。

熟食memo

連同汁液一起倒進密閉容器中，放入冰箱保存二至三天會更美味。說到魚體呈青色的鯖魚，會馬上想到含有豐富的EPA和DHA，具有促進血液循環，降低壞膽固醇的功效。

干燒沙丁魚 >>283kcal

材料・2人份

沙丁魚…4尾
生薑…1湯匙
洋蔥…1個
梅乾…1顆
水…1杯
醬油…1大匙
味醂…1大匙

作法

1 沙丁魚去除掉魚頭及內臟，在表面劃一條刀痕。
2 薑和洋蔥切成薄片。
3 將洋蔥放入平底鍋中鋪平，沙丁魚排置鍋內，放入梅乾。倒入水、醬油、味醂煮滾後加入生薑，撈取煮出來的湯一邊淋上一邊以中火續煮。收汁後就完成了。

熟食memo

在洋蔥上方鋪上沙丁魚，這樣煮底部就不會焦掉，而魚肉也會吸附洋蔥的甜味。沙丁魚是鈣質的寶庫。在日常中多攝取，能預防骨質疏鬆的發生。

＊藉由優質蛋白質打造肌膚美人

牛奶煮白身魚 >>163kcal

材料・2人份

鱈魚…2片
青江菜…1株
鹽・胡椒粉…各適量
麵粉…1大匙
水…1/2杯
牛奶…1杯

作法

1 青江菜切成2至3等份，把接近根部的葉柄一片一片剝開。

2 鱈魚撒上少許的鹽、胡椒粉，於表面裹上麵粉備用。

3 將水和1/3小匙鹽加入鍋中煮滾後，排入作法2的材料續煮。煮熟後加入牛奶煮滾，放入青江菜快速煮一下，最後加鹽、胡椒粉各少許調味。

熟食memo

事先在魚身裹上一層麵粉，可讓湯汁呈現濃稠狀。除了鱈魚外，用旗魚和鯛魚來煮，味道也很美味。由於白身魚富含膠原蛋白，因此美化肌膚、防止老化等效果值得期待。

香煎白身魚佐醋淋醬 >>368kcal

材料・2人份

鯛魚…2塊
小松菜…1把（200g）
*淋醬
醋…2大匙
蜂蜜…1/2大匙
醬油…1大匙
味噌…1小匙
鹽・胡椒粉…各適量
麵粉…1大匙
橄欖油…2大匙

作法

1 鯛魚撒上鹽和胡椒粉各少許，小松菜切成約5公分的長段。把醋醬所有材料混合攪拌備用。

2 於鯛魚表面裹上一層薄薄的麵粉，平底鍋倒進橄欖油熱鍋後，將有皮的那一面朝向鍋底，當一面煎黃後，翻面繼續煎呈金黃且酥脆時取出。

3 在作法2的鍋中加入少許水，倒入作法1的醋醬，煮到醬汁呈濃稠狀。

4 平底鍋倒入1大匙橄欖油，加入小松菜拌炒，用鹽和胡椒粉少許調味，盛入盤中。於上方鋪上作法2，再淋上作法3的醋醬即可。

熟食memo

鯛魚在下鍋油煎之前，裹上薄薄一層麵粉，可以鎖住食材本身的水分，使口感酥脆充滿焦香。鯛魚的優質蛋白質可以改善腸道環境，與醋的檸檬酸共同作用，還可相輔相乘，打造青春永駐的身體。

＊預防卡路里過量，達到減肥效果

蕪菁燉蟹肉 >>70kcal

材料・2人份

小蕪菁…4顆（淨重300g）
蕪菁葉…4顆份
蟹肉罐頭…1小罐（50g）
水…1又1/2杯
鹽…1/2小匙
酒…1大匙
太白粉水…1又1/2大匙

作法

1 將蕪菁對切一半，蕪菁葉切成5公分長。
2 將蕪菁放入鍋中，加入水、鹽、酒、蟹肉罐頭汁，熬煮到蕪菁變軟。
3 放入蕪菁葉一起煮，煮到蕪菁葉變軟後，加入蟹肉煮滾，最後以太白粉水勾芡即可。

熟食memo

由於蕪菁很快就能煮熟，因此這是一道10分鐘就能快速完成的料理。蕪菁葉含有胡蘿蔔素等豐富的營養，記得把葉子留下來善加利用。這道菜分量很多，熱量卻不高，很適合想減肥的人食用。

＊除了熱量低以外，還能預防各種疾病

干貝跟羊栖菜的煮物 >>159kcal

材料・2人份

干貝（熟的）… 4顆
羊栖菜（乾燥）… 10g
洋蔥 … 1/2個
番茄醬汁（市售）… 1/2杯
鹽・胡椒粉 … 各少許
粗粒黑胡椒 … 少許
橄欖油 … 1大匙

作法

1 羊栖菜洗淨後，以熱開水浸泡5分鐘。干貝切成四等份，洋蔥切成薄片。

2 平底鍋內倒進橄欖油加熱，放入洋蔥煸炒。將瀝乾水分的羊栖菜、干貝一起加入拌炒，再加進番茄汁，以中火煮至入味後，加鹽和胡椒粉調味，盛盤後撒上粗粒黑胡椒即可。

食memo

羊栖菜與番茄很搭配，是小朋友也會喜歡的義大利風味。干貝礦物質豐富且熱量低，適合減肥時食用。並且，可藉由豐富的牛磺酸預防文明病的發生。

*具有很強的抗氧化作用及美化肌膚的效果

花椰菜拌豆腐起司 >>197kcal

材料・2人份

花椰菜 … 200 g
花椰菜莖 … 1顆分
木綿豆腐 … 150g
莫札瑞拉起司 … 50g
起司粉 … 1大匙
鹽・胡椒粉 … 各適量

作法

1 將花椰菜分成小朵排置於平底鍋內，撒上少許鹽，將水以畫圓方式淋入。蓋上鍋蓋蒸煮，撈出瀝乾。
2 花椰菜莖部去皮後磨成小粒，莫札瑞拉起司切成1公分小丁。
3 豆腐用紗布包起來，擰乾水分，再用橡皮刮刀壓碎。與花椰菜莖、少許的鹽和胡椒粉、起司粉混合攪拌均勻。
4 將莫札瑞拉起司和花椰菜加到作法3中拌勻即可。

食memo

這道菜可以享用到含有豐富鈣質的兩種起司，散發濃郁豆香的豆腐碎，以及滿滿的蔬菜。花椰菜具有很好的抗氧化作用，以及豐富的維生素C，因此可以期待美化肌膚的功效。

菇菇燴豆腐 >>198kcal

材料・2人份

金針菇…50 g
滑菇…50 g
木綿豆腐…1塊
水…1杯
昆布絲…2g
醬油…1大匙
味醂…1大匙
可融化的起司絲…30g

作法

1 金針菇切成2公分長的小段，剝散備用。滑菇快速沖一下水，瀝乾多餘水分。豆腐切成10等份。

2 鍋內放入水、昆布絲、醬油、味醂，再放入金針菇和滑菇，以中火煮滾。豆腐丟進去快速煮一下，盛盤起鍋後，趁熱鋪上起司絲即可。

熟食memo

菇類和昆布會產生天然的黏滑成分，是一道簡單且充滿鮮味的煮物。菇類的膳食纖維可緩解便秘，預防大腸癌等問題。還能從豆腐中攝取到豐富的大豆蛋白。

豆腐渣跟豆漿的炒蛋 >>284kcal

材料・2人份

豆腐渣…150g
豆漿…1杯
雞蛋…1個
胡蘿蔔…30g
鴻禧菇…1/2包
洋蔥…1/4個
雞絞肉…50g
橄欖油…1大匙
鹽…1/2小匙
胡椒粉…少許

作法

1 胡蘿蔔、鴻禧菇、洋蔥切成碎粒。
2 將橄欖油加進絞肉攪拌，放入平底鍋中拌炒。炒熟後，與作法1的材料、豆腐渣一起炒，再加入豆漿、鹽、胡椒粉烹煮。
3 等水分變少時，繞圈淋上打散的蛋液，一邊攪拌一邊把雞蛋煮熟。煮到帶點軟嫩就完成了。

熟食memo

豆腐渣含有豐富的膳食纖維，具有改善腸道環境，使排便順暢的效果。用豆漿取代水，加入雞蛋與幾樣蔬菜，就是營養均衡的桌上佳餚。

黃豆玉米湯 >>182kcal

材料・2人份

煮熟的黃豆…50g
玉米(罐頭)…50g
洋蔥…1/4個
胡蘿蔔…30g
豬絞肉…50g
番茄…50g
大麥(乾燥)…30g
水…2杯
鹽…微微1小匙
粗粒黑胡椒…少許

作法

1 洋蔥和胡蘿蔔切粗粒。備一鍋水,水滾後熄火,絞肉下鍋快速攪拌後,用濾網撈起。

2 鍋內放入水和作法1的材料煮滾之後,加入番茄(切粗粒)、大麥、煮熟的黃豆、玉米,用微弱的中火燉煮15分鐘左右。最後加鹽調味,撒上粗粒黑胡椒即可。

熟食memo

湯裡有黃豆和玉米的甜味,料多實在。在忙碌的日子來上一碗,就能輕鬆補充身體所需的營養。身體由內而外暖和起來,無論是肉體上的疲累,還是身心的疲勞,都能藉此獲得舒緩。

高野豆腐煮蛋 >>194kcal

材料・2人份

高野豆腐…3塊
雞蛋…1個
金針菇…50g
魩仔魚…10g
日本細蔥…少許
水…1又1/2杯
鹽…1/2小匙
糖…1大匙

作法

1 高野豆腐快速過水一下，切成1公分小丁。金針菇切成2公分長的小段，剝散備用。

2 平底鍋內加入水、鹽、糖，接著放入作法1的材料慢慢煮滾後，轉用中火熬煮5分鐘左右(a)。

3 以繞圈方式淋上打散的蛋液，煮到半熟後盛盤，撒上魩仔魚和細蔥(切成蔥花)即可。

a

熟食memo

調味清淡一點，就能煮出又軟又透的成品。加入魩仔魚調理，可以增加鈣含量。高野豆腐含有豐富優質的營養成分，尤其具有降低中性脂肪、預防骨質疏鬆、減肥等令人開心的效果，是值得積極攝取的料理。

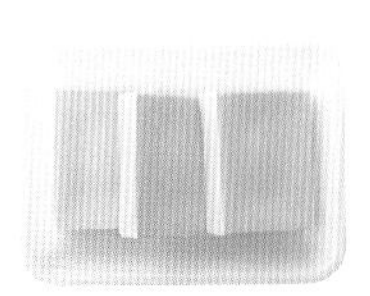

＊藉此改善貧血或焦躁不安

羊栖菜的簡單和風拌物 >>104kcal 

材料・2人份

羊栖菜（乾燥）… 10g
胡蘿蔔 … 30g
魩仔魚乾 … 10g
味噌 … 1大匙
薑末 … 1湯匙
荏胡麻油 … 1大匙

作法

1 羊栖菜沖洗乾淨，胡蘿蔔切絲。
2 取一個碗，倒入熱水，加入作法1的材料，用保鮮膜封好靜置10分鐘。
3 將味噌、醬油、荏胡麻油混合調勻，與魩仔魚乾、瀝乾水分的作法2拌勻即可。

食memo

貧血的原因大部分是因為缺鐵所造成，那就藉由羊栖菜來補充。此外，這道菜還有胡蘿蔔的維生素C與魩仔魚乾的鈣質，營養相當均衡。味噌和荏胡麻油滋味也很好。

＊能幫助預防便秘、肌膚乾燥及動脈硬化

乾蘿蔔絲跟豬肉的燉煮 >>149kcal

材料・2人份

蘿蔔絲(乾燥)… 15g
水…1又1/2杯
豬腿肉薄切片…100g
洋蔥…1/2個
醬油…1又1/2大匙
糖…1/2大匙

作法

1 將乾蘿蔔絲仔細的清洗乾淨，在分量內的水中充分搓揉。豬肉切成容易吃的大小，洋蔥切薄片。

2 備一鍋水，水滾後熄火，豬肉下鍋快速攪拌後，用濾網撈起。

3 把乾蘿蔔絲連同水一起倒入鍋中，加入洋蔥和作法2的豬肉煮滾。加醬油和糖調味，煮至入味即可。

熟食memo

乾蘿蔔絲和洋蔥具有溫和的甜味，是令人安心的美味。由於這道菜還加入肉片，因此分量不算少。乾蘿蔔絲含有豐富的膳食纖維，因此改善便秘、美化肌膚的效果值得期待。

對這樣的症狀有效！強力推薦的二菜組

身體虛寒、消化不良、好像有點感冒……。
每個人身體上或多或少都有一些毛病。
讓我們藉由每天都要吃進肚裡的菜餚，將那些症狀一掃而空。
接下來我將以「熟食」搭配「生食」配菜，為大家介紹理想的菜單組合。

column 1

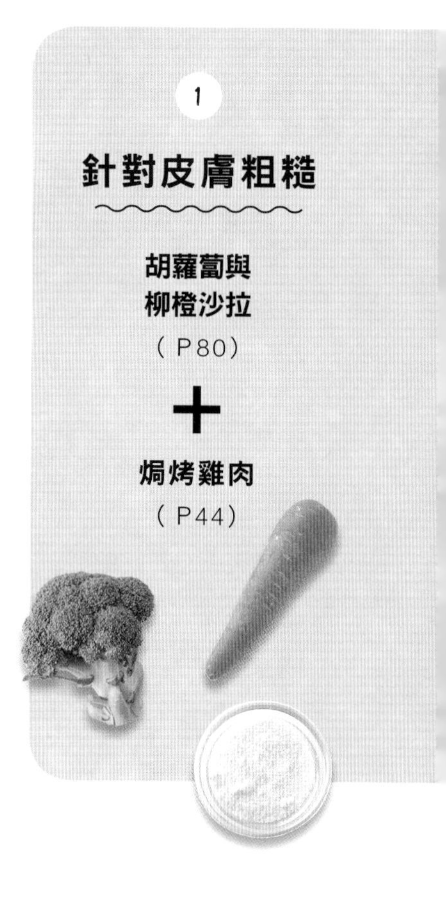

1

針對皮膚粗糙

胡蘿蔔與
柳橙沙拉
（P80）

＋

焗烤雞肉
（P44）

2

針對虛冷症

韭菜拌白菜泡菜

（P99）

＋

蔬菜跟鯖魚罐頭的抗氧化湯

（P27）

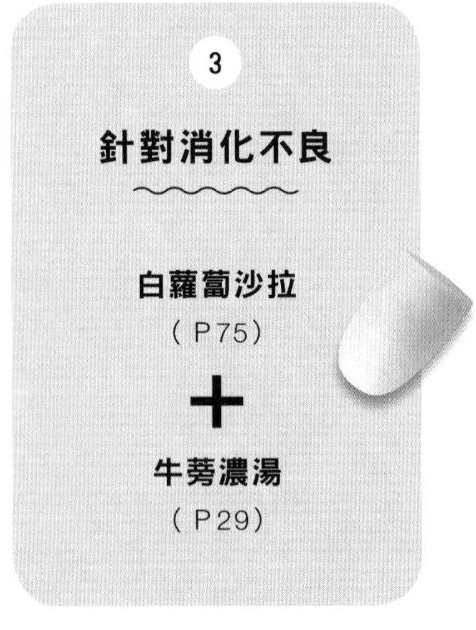

3

針對消化不良

白蘿蔔沙拉

（P75）

＋

牛蒡濃湯

（P29）

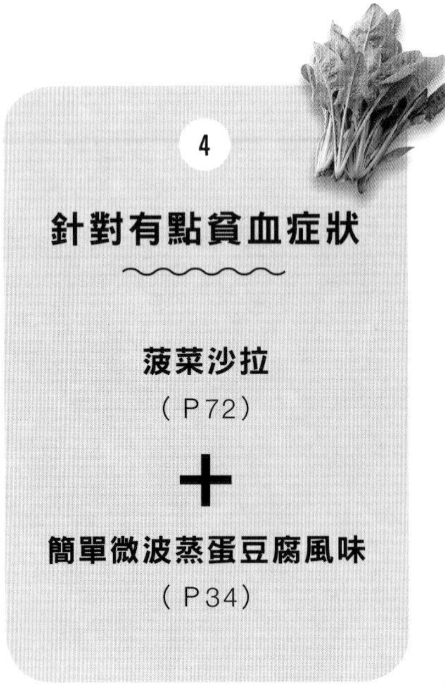

4

針對有點貧血症狀

菠菜沙拉

（P72）

＋

簡單微波蒸蛋豆腐風味

（P34）

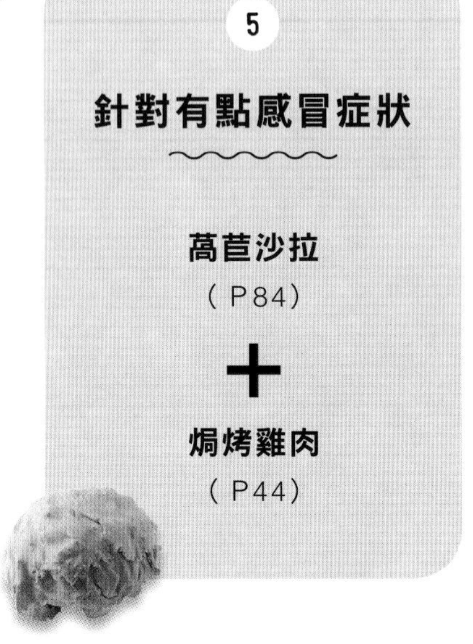

5

針對有點感冒症狀

萵苣沙拉

（P84）

＋

焗烤雞肉

（P44）

6

針對肩頸僵硬

涼拌魚肉沙拉

（P104）

豆皮鑲鯖魚罐頭
與菠菜

（P21）

7

針對眼睛疲勞

胡蘿蔔與
柳橙沙拉

（P80）

鮭魚排佐茄汁

（P51）

8

針對疹子

蘋果與高麗菜的
捲心菜沙拉

（P111）

料多的蔬菜燉湯

（P28）

9

針對水腫

醃漬小黃瓜

（P88）

鯖魚煮物與
小松菜白蘿蔔泥

（P126）

2

不經加熱程序，徹底活用酵素的

「生食」配菜

酵素能夠促進食物消化。在這裡我使用富含酵素的蔬菜、生魚、肉，為了最大限度地發揮酵素功用，以不高溫加熱的方式做成配菜。

蔬菜可以多種變化多種料理，像是沙拉、拌物、蔬果汁、以鹽揉拌的淺漬、沾醬等等。魚的方面，採用可以製成生魚片的生魚。肉類則是使用像火腿這樣半生熟的食品，與蔬菜一起搭配做成沙拉等料理。在此為您呈上忙碌的日子裡，也能迅速端上桌的40道菜餚。

*菠菜能預防貧血，對女性來說是令人欣喜的功效

菠菜沙拉 >>99kcal

材料・2人份

菠菜…1/2把（100g）
溫泉蛋…1個
起司粉…1大匙
鹽・胡椒粉…各少許
荏胡麻油…1大匙
*可以改用橄欖油或亞麻仁油來取代荏胡麻油。

作法

1 菠菜切大段，放入大碗中。
2 將起司粉、鹽和胡椒粉撒在作法1的菠菜上，粗略拌勻（a）。
3 盛盤，在菠菜中間放上溫泉蛋，以繞圓圈的方式淋上荏胡麻油即可。

a

生食memo

菠菜含豐富鐵質，除了有預防貧血的效果外，還具有強效的抗氧化作用，因此美化肌膚的功效值得期待。與起司一起食用，能將菠菜中含的草酸排出體外，是令人欣喜的組合。

＊調整腸道環境，還你一個清爽的胃

鮪魚拌蘿蔔泥 >>97kcal

材料・2人份

白蘿蔔 … 300g
鮪魚（生魚片用）… 100g
原味優格 … 2大匙
鹽 … 1/3小匙
粗粒黑胡椒 … 1又1/2小匙

作法

1 白蘿蔔磨成泥，放到濾網上，擠去水分到剩下一半的重量（150g）。
2 鮪魚切成1公分小丁。
3 將作法1的蘿蔔泥、原味優格、鹽、粗粒黑胡椒一起混合攪拌，再拌入作法2的鮪魚，略為拌勻即可。

 食memo

白蘿蔔含有高效的分解酵素，能快速分解鮪魚，使肉質呈現柔軟口感。優格可以緩和白蘿蔔的辣味，讓辣味變得溫和。是一道小朋友也容易入口的副菜。

白蘿蔔沙拉 >>53kcal

材料・2人份

白蘿蔔…400g
鹽…2/3小匙
櫻花蝦…5g
熟白芝麻…1小匙

1 白蘿蔔切成薄薄的半月形，用鹽搓揉備用。
2 先在耐熱器皿鋪上廚房紙巾，再將櫻花蝦散放在上面，放入微波爐加熱（600W）2分鐘。壓成細碎狀備用。
3 作法1的白蘿蔔去除多餘水份，加入作法2的櫻花蝦，將芝麻磨碎後加入混合均勻。

生食memo

使用微波爐加熱或用鍋子烘煎櫻花蝦，做出來的成品酥脆且香氣逼人。白蘿蔔的酵素能幫助腸胃消化，是肉類料理的最佳拍檔。

生火腿白蘿蔔棒捲 >>87kcal

材料・2人份

白蘿蔔…200g
生火腿…6片
柚子胡椒…適量
義大利巴西里…少許

作法

1 白蘿蔔切成6條1公分寬的棒狀。
2 將火腿一片一片攤平，在每一片放上白蘿蔔棒捲起，盛盤後放上柚子胡椒。最後以義大利巴西里裝飾即可。

生食memo

發酵食品的生火腿，加上白蘿蔔的酵素，就成為一道助消化的配菜。再佐以風味絕佳的柚子胡椒，頓時令人食欲大開。白蘿蔔換成無花果或哈密瓜，也能做得很好吃。

＊具備將毒素排出體外的排毒效果

韓式白蘿蔔泡菜 >>75kcal

材料・2人份

白蘿蔔…300g
鹽…1/2小匙
蘿蔔嬰…30g

＊調味料

- 醬油…2小匙
- 醋…1小匙
- 熟白芝麻…2大匙
- 糖…1/2小匙
- 七味唐辛子…少許
- 蒜泥…少許

作法

1. 蘿蔔切成1.5公分厚的塊狀，加鹽搓揉後，靜置一下。把蘿蔔嬰的根部切掉，再切成3等份。
2. 將所有調味料放入碗中混合均勻，再將去除水分的蘿蔔和蘿蔔嬰粗略拌勻即可。

生食memo

大蒜和芝麻增添豐富風味，至於微微的辛辣感則是焦點所在。白蘿蔔的辛辣成分具有解毒作用，能讓身體煥然一新。讓人每天都想品嚐一番。

異國風情沙拉 >>171kcal

材料・2人份

高麗菜…200g
胡蘿蔔…30g
洋蔥…1/2個
花生…20g
紅辣椒…1條
薄荷葉…少許

＊調味料

魚露…1/2大匙
醋…1大匙
糖…1小匙
橄欖油…1大匙

作法

1 高麗菜、胡蘿蔔切成絲狀，洋蔥切成薄片。
2 花生連膜一起敲成碎粒狀，紅辣椒去籽後切成圈狀。
3 將紅辣椒與調味料混合攪拌，再與作法1的材料、花生粗略拌勻。盛盤，綴以薄荷葉。

生食memo

「覺得好像感冒了」時，就大量攝取富含維生素C的高麗菜來渡過危險期。花生膜裡含有大量的多酚類物質，薄荷則具有排毒效果，是一道令人欣喜的料理。

*腸道環境好了，肌膚自然充滿光澤

高麗菜拌起司絲 >>230kcal

材料・2人份

高麗菜…300g
紅心橄欖…4粒
天然起司(細絲狀)…20g
起司粉…2大匙
亞麻仁油…2大匙
粗粒黑胡椒…少許

*可以改用橄欖油或荏胡麻油來取代亞麻仁油。

作法

1 高麗菜切成一口大小，紅心橄欖切成圓形薄片備用。
2 將作法1的材料、天然起司、起司粉、亞麻仁油放入碗中混合拌勻，盛盤後撒上粗粒黑胡椒即可。

生食memo

兩種起司散發出來的濃郁香氣，將美味度大大提升。高麗菜就算是生吃，也能吃得津津有味！直接食用亞麻仁油，可以發揮亞麻酸改善血液循環等功效。

＊增強黏膜，打造不易感冒的強壯體質

柳橙胡蘿蔔沙拉

>>200kcal 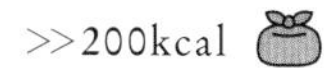

材料・2人份

胡蘿蔔…2根(300g)
鹽…1/2小匙
柳橙…1個
醋…1大匙
橄欖油…2大匙
巴西里碎末…1大匙
粗粒黑胡椒…少許

＊可以改用亞麻仁油或荏胡麻油來取代橄欖油。

作法

1 胡蘿蔔切成絲狀，加鹽搓揉後，靜置一下。
2 柳橙去除外皮和薄膜後，先切成對半，再切成厚度5毫米的薄片。
3 將醋和橄欖油放入碗中調勻，加入擰乾的胡蘿蔔、柳橙片、巴西里碎末、粗粒黑胡椒一起拌勻即可。

生食memo

柳橙溫和的酸甜滋味，能誘發食欲，就連討厭胡蘿蔔的人也敢入口。另外，胡蘿蔔具有提高免疫力，保護黏膜，維護眼睛健康的功效。

繽紛鮮蔬泡菜 >>84kcal

材料・2人份

西洋芹…1根（100g）
胡蘿蔔…1/2大根（100g）
小黃瓜…2根
紫洋蔥…50g
小番茄…10個
檸檬…1/2個
＊醃漬液
鹽…1小匙
黑粒胡椒…3～4粒
蜂蜜…2大匙
水…1杯

作法

1 西洋芹切成1.5公分寬，胡蘿蔔和小黃瓜切成1公分的圓厚片。紫洋蔥切成薄片，小番茄用牙籤在表面刺幾個小洞備用。檸檬切成薄片。

2 將醃漬液倒入碗中調勻，放入作法1的材料浸泡。放置15分鐘入味後就可以享用。裝在密閉容器中，冷藏保存兩到三天會更好吃。

生食memo

色彩繽紛的泡菜，光看就知道對身體很好。裡頭有6種含有酵素和抗氧化作用的蔬菜。多做一點冷藏起來，就能隨時補充營養。

*具有淨化血液與消除疲勞的功效

洋蔥美乃滋沙拉 >>143kcal

材料・2人份

洋蔥…1又1/2個
鹽…1/2小匙
醋…1大匙
美乃滋…2大匙
柴魚片(大片裝)…2g
粗粒黑胡椒…少許

作法

1 先將洋蔥縱切一半，再切成薄片，加鹽和醋搓揉後，靜置備用。

2 將作法1的洋蔥瀝乾水分，加入美乃滋拌勻後盛盤。上面鋪上柴魚片，撒上粗粒黑胡椒即可。

生食memo

切洋蔥會流眼淚，這是因為洋蔥中的硫化物質所造成。硫化物能促進新陳代謝，具有消除疲勞、淨化血液等令人欣喜的功效。

＊讓你重拾元氣，精力充沛一整天

醋漬洋蔥 >>214kcal 

材料・2人份

洋蔥…1又1/2個
葡萄乾…15g
鹽…1/3小匙
胡椒粉…少許
醋…2大匙
白酒…2大匙
番茄醬…1大匙
橄欖油…2大匙
＊可以改用亞麻仁油或荏胡麻油來取代橄欖油。

作法

1 先將洋蔥縱切一半後，再切成薄片，攤開20分鐘左右備用。
2 碗內加入鹽、胡椒粉、醋、白酒、番茄醬，將所有材料混合調勻，接著倒入橄欖油拌勻。
3 將作法1和葡萄乾加入作法2中，醃15分鐘至入味即可。

生食memo

番茄醬和葡萄乾的甜味具有提味的作用。洋蔥有溫和的辣味，能讓人吃得津津有味，除去一天的疲勞。

萵苣沙拉 >>221kcal

材料・2人份

萵苣…1/2個
培根…1片
蒜頭…1瓣
鹽・胡椒粉…各少許
巴西里碎末…1大匙
檸檬…1/4個
橄欖油…3大匙

＊可以改用亞麻仁油或荏胡麻油來取代橄欖油。

作法

1 萵苣對半切開，盛盤備用。培根和大蒜切成碎末。

2 平底鍋中倒進1大匙橄欖油加熱，放入大蒜炒香後，再將培根放入一起拌炒。

3 將鍋子移開火源，加入2大匙橄欖油、鹽、胡椒粉一起攪拌，再加入巴西里拌勻（a）。將這些淋在萵苣上，再擺上檸檬片（切成扇形）即可。

a

在萵苣上淋上香氣四溢的培根及大蒜，1/4個萵苣很快就一掃而空。
萵苣和巴西里具有強效的酵素力，可幫助主菜（魚或肉）的消化。

*抑制自由基，打造不生鏽的身體

和風番茄沙拉 >>57kcal

材料・2人份

番茄…1又1/2個(300g)
洋蔥…1/2個
柴魚片…2g
醬油…1大匙

作法

1 番茄縱切成8等份，洋蔥切成薄片。
2 把作法1的材料與柴魚片、醬油混合拌勻即可。

生食memo

番茄的茄紅素具有超強的抗氧化能力，可抑制自由基的氧化反應，保持身體年輕健康。如果是這道混合洋蔥和柴魚片的和風沙拉，每天吃也不會膩。

＊建議以這道料理來預防及治療感冒

胡蘿蔔泥拌甜椒 >>177kcal

材料・2人份

甜椒（紅、黃）… 各2個
胡蘿蔔泥 … 1/3根（50g）
亞麻仁油 … 2大匙
鹽・粗粒黑胡椒 … 各少許
＊可以改用橄欖油或荏胡麻油來取代亞麻仁油。

作法

1 甜椒對半切開，去籽、逆紋切絲。以1/2小匙鹽搓揉後，靜置備用。
2 待作法1的甜椒入味後瀝乾水分，與稍微擰去水分的胡蘿蔔泥、亞麻仁油、少許鹽混合拌勻，盛盤。最後可以撒上少許的粗粒黑胡椒。

生食memo

顏色鮮豔的蔬菜，富含維生素，能為身體帶來活力。甜椒和胡蘿蔔具有很強的抗氧化能力，這是一道結合兩者的美味佳餚，請務必試試看。

＊提升腸道消化吸收能力的好幫手

醃漬小黃瓜 >>29kcal

材料・2人份

小黃瓜…2條
鹽…1/3小匙
梅乾…1個
蒜頭…1瓣
柚子醋醬油…2大匙
水…2大匙

作法

1 先將小黃瓜切掉頭尾兩端，再縱向切成一半，抹上鹽，靜置5分鐘。然後將表面的鹽份用水稍微清洗掉，拭乾表面的水分。蒜頭稍微拍扁。

2 把柚子醋醬油和水倒入保鮮袋內混合均勻，再將作法1的材料和梅乾加入袋中醃漬。將保鮮袋裡的空氣擠出，並將開口封住，大約放進冰箱冷藏2天，使其入味。

食memo

梅乾具有消除疲勞的作用，有畫龍點睛的效果。而小黃瓜清脆可口，吃起來會發出爽脆的聲音。由於這道菜含有大量酵素，最適合擔心脂肪攝取過多而引起消化不良時食用。

*具有改善水腫及便秘的功效

芝麻拌小黃瓜 >>42kcal

材料・2人份

小黃瓜…2條
醋…1小匙
鹽…1/3小匙
海帶芽(乾燥)…5g
魩仔魚…10g
熟白芝麻…1大匙

作法

1 小黃瓜切成圓形薄片，加入醋和鹽搓揉後，靜置一下。
2 海帶芽用水泡發備用。
3 將作法1的小黃瓜擠乾水分，與作法2的海帶芽、魩仔魚、熟芝麻全部放入碗中，攪拌均勻，試味，如味道不夠可加少許鹽調味。

生食memo

事先用醋和鹽抓醃可去除小黃瓜的生味和澀感。這是讓這道配菜好吃的訣竅。而芝麻的香氣能刺激食欲。容易水腫的人，可以多吃有利尿功效的小黃瓜，恢復輕盈的體態。

酪梨鑲干貝番茄沙拉 >>213kcal

材料・2人份

酪梨…1個
干貝(生魚片用)…2個
番茄…1/2個
鹽…1/4小匙
美乃滋…1大匙
天然起司(細絲狀)…適量
粗粒黑胡椒…少許
檸檬…1/4個

作法

1 酪梨剖開成兩半後，取出種籽、挖出果肉，果殼分作兩個容器。1/2的果肉切成一小口。

2 干貝和番茄切成1公分小丁，與切成一小口的酪梨混合在一起，加鹽、美乃滋調味，填入果殼內。

3 上面鋪上天然起司絲，撒上粗粒黑胡椒，最後淋幾滴現擠檸檬汁即可(a)。

a

生食memo

善用酪梨與美乃滋合拍的特性，將兩者組合成一道款待客人的簡單前菜。加點山葵也很好吃。酪梨與干貝富含蛋白質，藉由兩者的組合，打造出水嫩有光澤的肌膚。

*促進血液循環及發汗功效，讓身體暖和起來

酪梨優格沙拉 >>142kcal

材料・2人份

酪梨 … 1個
原味優酪 … 2大匙
山葵醬 … 適量
醬油 … 少許
義大利巴西里 … 少許

作法

1 酪梨剖開成兩半後，去皮籽取出果肉，取一半的果肉壓碎，與原味優酪和在一起。

2 剩下的果肉切成一口大小，與作法1混合拌勻，盛盤後淋上山葵醬油。最後擺上義大利巴西里裝飾即可。

生食memo

酪梨山葵醬的組合，是大家熟悉的一道菜。搭配山葵的辛辣一口吃下，可以促進血液循環，讓身體暖和起來。同時，透過發酵食品的優格，讓健康度大大提升。

✽適合在有便秘困擾或疲勞時攝取

秋葵拌飯料 >>53kcal

材料・2人份

秋葵…5個
納豆…1/2小包
小黃瓜…1/2根
茄子…1/2個
鹽…少許
青紫蘇…2片
生薑…1/2湯匙
熟白芝麻…1小匙
醬油…1大匙
醋…1大匙
水…3大匙

作法

1 秋葵切成一圈一圈狀，納豆預先拌勻。
2 小黃瓜和茄子切成5毫米厚的小丁，用鹽搓揉後，靜置一下。青紫蘇切粗末狀，薑切成細末。
3 將醬油、醋、水加入碗內，攪拌均勻，加入作法1的材料、作法2擠乾水分的的材料、碾碎的熟芝麻，將所有材料充分混合使其入味。

生食memo

納豆拌飯料中含有多樣又豐盛的5種蔬菜。積極攝取秋葵、納豆這類水溶性食物纖維，可促進腸道蠕動，使排便順暢，因此排毒的效果也值得期待。

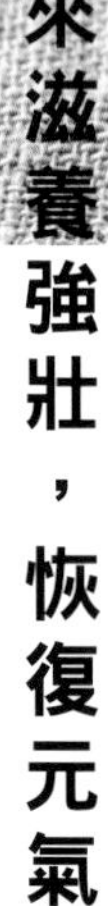

＊用山藥來滋養強壯，恢復元氣

山藥沙拉 >>83kcal

材料・2人份

山藥…200g
梅乾…2顆
柴魚片…3g
熟白芝麻…1小匙

作法

1 山藥刷洗乾淨，連皮一起切成1公分小丁。

2 梅乾去核將果肉敲碎後，與作法1的山藥、柴魚片混合均勻。盛盤後撒上磨碎的熟白芝麻即可。

生食memo

山藥請務必連皮一起料理食用！由於含有豐富酵素，因此可以促進碳水化合物分解，同時與含有大量檸檬酸的梅乾一起吃，可以更加提升消除疲勞的效果。

*覺得消化不良、噁心想吐時

義式蕪菁沙拉 >>42kcal

材料・2人份

蕪菁…中型2個(300g)
鹽…1/2小匙
黑橄欖…4粒
起司粉…適量

作法

1 蕪菁切成2公分寬的扇形,加鹽搓揉後,靜置一段時間。
2 黑橄欖切成粗末狀,與作法1瀝乾水分的蕪菁、起司粉混合拌勻即可。

生食memo

起司加橄欖的義式組合,與日式料理食材蕪菁是美味的好麻吉。蕪菁含有膳食纖維和消化酵素,對胃腸有溫和的補益作用,具有抑制噁心感的功效。

簡單的茄子漬物 >>53kcal

材料・2人份

茄子…4個
鹽…2/3小匙
醋…2大匙
日本黃芥末醬…1小匙
柴魚片…6g

作法

1 茄子切滾刀塊（一口大小），加鹽和醋搓揉後，靜置一段時間。

2 將作法1的茄子用水沖洗一下，瀝乾水分，加入日本黃芥末醬調拌均勻。最後再加入柴魚片拌勻即可。

生食memo

茄子含有多酚和花青素，具有強大的抗氧化力，最適合用來預防老化及各種文明病。請將這道菜當成零嘴、下酒或配菜享用，以發揮黃芥末的功用。

＊具有改善血液循環的效果

櫛瓜沙拉 >>139kcal

材料・2人份

櫛瓜…1條(200g)
卡芒貝爾乾酪…40g
鹽・粗粒黑胡椒…各少許
醋…1/2大匙
亞麻仁油…1大匙
＊可以改用橄欖油或荏胡麻油來取代亞麻仁油。

作法

1 櫛瓜切成圓形薄片，平鋪盤中備用。
2 把卡芒貝爾乾酪撕成小片，鋪在作法1的櫛瓜上，撒上鹽、粗粒黑胡椒，以繞圈的方式均勻淋上醋與亞麻仁油。

食memo

切成薄片的櫛瓜，脆中帶軟的口感令人讚嘆。裹著起司一起吃，便是無比幸福的滋味。淋上亞麻仁油，可以讓血液流動變得順暢，使效果更提升。

*透過具預防感冒功效的蔬菜來恢復元氣

青椒番茄起司沙拉 >>58kcal

材料・2人份

青椒…4個
番茄…1個
洋蔥…1/4個
蒜頭…1小瓣
起司粉…1大匙
鹽…1/3小匙
胡椒粉…少許

作法

1 青椒切絲，番茄切成5毫米厚的小丁。洋蔥、蒜頭切碎末。
2 將作法1的材料與起司粉、鹽、胡椒混合拌勻即可。

生食memo

利用蔬菜與起司的組合，讓這道菜多了鈣質與發酵食品的乳酸菌，成為一道營養均衡的佳餚。青椒中含的維生素C，以及番茄中可以提高免疫力的物質，都具有預防感冒的功效。

＊具有溫暖身體、消除疲勞作用的一道配菜

韭菜拌白菜泡菜 >>23kcal

材料・2人份

韭菜…1/2把（50g）
醋…1大匙
生薑…1湯匙
白菜泡菜…50 g
糖…少許

作法

1 韭菜切成4到5公分的長段，加醋搓揉後，靜置一段時間。生薑切絲。

2 韭菜瀝乾水分，與薑絲、白菜泡菜、糖拌勻即可。

生食memo

增強精力的最強三重奏，韭菜、薑、泡菜。薑與泡菜中所含的辛辣成分，能讓身體慢慢暖和起來。韭菜能使人感到精力充沛，在隔天早上神清氣爽地醒來。

菠菜汁 >>109kcal

材料・2人份

菠菜…1/4把（50g）
蘋果…100g
奇異果…100g
牛奶…3/4杯

作法

1 將菠菜切成大段，蘋果去核籽後切成大塊。奇異果去皮後也切成大塊。
2 將作法1的材料和牛奶放入攪拌機內，攪打至呈滑順狀即可。

白蘿蔔汁 >>77kcal

材料・2人份

白蘿蔔…150g
蘋果…150g
豆漿…1/2杯

作法

1 將白蘿蔔切成大塊，蘋果去核去籽後切成大塊。
2 將作法1的材料和豆漿放入攪拌機內，攪打至呈滑順狀即可。

高麗菜汁 >>143kcal

材料・2人份

高麗菜…100g
酪梨…50g
牛奶…1又1/4杯

作法

1 將高麗菜切成大段，酪梨去皮去籽後切成大塊。
2 將作法1的材料和牛奶放入攪拌機內，攪打至呈滑順狀即可。

生食memo

能讓肌膚煥發光澤的三種蔬果汁。每一種都具有強大的抗氧化力，可促進腸胃蠕動，將老廢物質排掉。早上飲用的效果特別顯著。

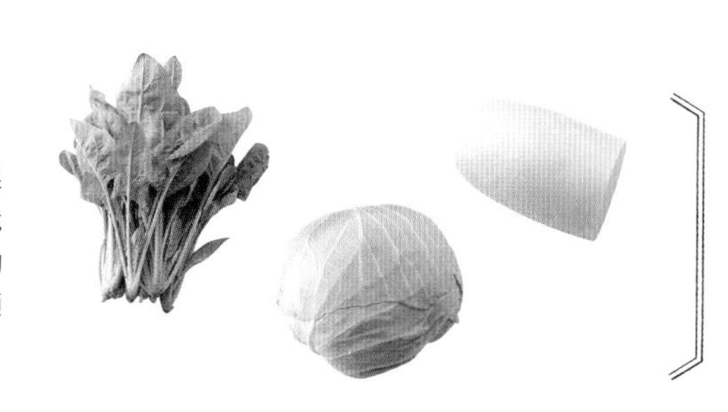

鰹魚碎 >>211kcal

材料・2人份

鰹魚（生魚片用）… 150g
鹽 … 1/3小匙
胡椒粉 … 少許
橄欖油 … 1小匙
洋蔥 … 1/4個
細葉芹 … 少許
＊醬料
蒜頭 … 少許
細葉芹 … 少許
洋蔥碎末 … 3大匙
蛋黃 … 1個
檸檬汁 … 1小匙
橄欖油 … 1大匙
鹽・胡椒粉 … 各少許

＊可以改用亞麻仁油或荏胡麻油來取代橄欖油。

作法

1 鰹魚連皮切成薄片（a）後，再切成碎末，用刀剁到魚肉產生黏性即可。預先加入鹽、胡椒粉、橄欖油拌勻。洋蔥切成薄片。

2 調製醬料。蒜頭切末，細葉芹切絲，與其餘材料攪拌均勻。

3 盤子上面鋪上洋蔥，然後放入作法1的鰹魚碎，綴以細葉芹。在外圍淋上一圈作法2的醬料即可。

a

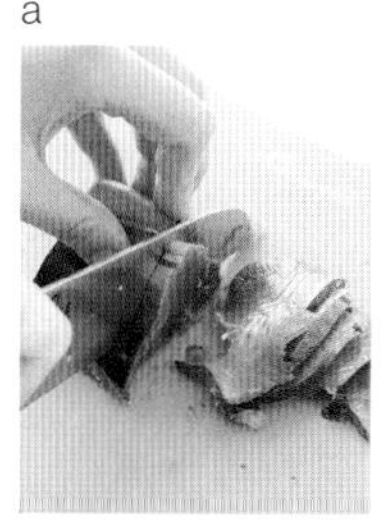

生食memo

鰹魚是血合肉含量較多的魚種，除了含有豐富的鐵質，皮下組織還有大量的EPA，能促進血液循環順暢，因此魚皮的部分不要丟掉，整個拿來料理。吃的時候搭配大蒜與香菜調製的醬料，就不用擔心有令人害怕的魚腥味。

涼拌魚肉沙拉 >>198kcal

材料・2人份

綜合生魚片…300g
胡蘿蔔…30g
西洋芹…50g
小黃瓜…1根
白蘿蔔…100g
醋…1大匙
鹽…1小匙
水…1大匙

作法

1 胡蘿蔔、西洋芹、小黃瓜、白蘿蔔切成細末。
2 在作法1的材料中加入醋、鹽、水混合拌勻，再加入綜合生魚片略拌即可。

生食memo

綜合生魚片請選擇含有豐富EPA及DHA的青魚，以及魚肉呈深紅色的鮪魚。與能發揮酸味的4種蔬菜一起混著吃，營養效果也會成倍增加。

＊具有預防記憶力衰退，提高記憶功能的作用

芝麻拌生魚片沙拉 >>264kcal

材料・2人份

- 綜合生魚片…150g
- 小黃瓜…1根
- 鹽…少許
- 生薑…1湯匙
- 熟白芝麻…3大匙
- 味噌…1大匙
- 醋…1大匙

作法

1. 小黃瓜切圓形薄片，加鹽搓揉後，靜置一下。
2. 生薑切成末，與熟芝麻、味噌、醋攪拌均勻。
3. 將作法1和作法2的材料、綜合生魚片混合拌勻即可。

生食memo

鮪魚、鯖魚、鰤魚等魚類具有健腦、提高記憶力的作用。加了香氣濃郁的芝麻，使效果更為提升。請豪邁地鋪在飯上，大口大口地享用吧。

＊擔負著促進血液循環功能

生魚片沙拉風味 >>192kcal

材料・2人份

綜合生魚片…100g
白蘿蔔…100g
青紫蘇…4片
蘿蔔嬰…50g
苦椒醬…1小匙
麻油…1大匙
鹽…1/3小匙
熟白芝麻…1小匙

作法

1 白蘿蔔切絲，青紫蘇切成一口大小。蘿蔔嬰切除根部後，再對切一半。
2 將苦椒醬、麻油、鹽充分混合後，加入綜合生魚片和青紫蘇拌勻。
3 盤子上面鋪上蘿蔔絲和蘿蔔嬰，把芝麻磨碎後撒上即可。

生食memo

由甜甜辣辣的苦椒醬，香氣濃郁的芝麻，清爽可口的青紫蘇，組合成一道刺激食欲的生魚片沙拉。吃生的魚肉可以活化酵素功能，還能藉由EPA等營業素改善血液循環。

＊用來消除疲勞及減肥最適合不過了

涼拌花枝醃黃蘿蔔 >>152kcal

材料・2人份

花枝（生魚片用）…1隻（200g）
醃黃蘿蔔…50g
洋蔥…1/4個
薑末…1湯匙
鹽…少許
麻油…2小匙

＊可以改用亞麻仁油、橄欖油或荏胡麻油來取代麻油。

作法

1 花枝去除內臟及薄膜，切成容易入口的大小。
2 醃黃蘿蔔切粗粒，洋蔥和生薑切成碎末。
3 將作法1的花枝、作法2的材料、鹽充分混合，盛盤後，以繞圈方式淋上麻油。

生食memo

花枝具有低脂、高蛋白特性，是令人欣喜的減肥食物。而且富含牛磺酸，可以抑制膽固醇的上升。此外，洋蔥和生薑中含的刺激物質，最適合用來消除疲勞。

萵苣包洋香菜飯 >>273kcal

材料・2人份

萵苣…1個
白飯…200g
巴西里碎末…2大匙
火腿…2片
鹽…1/3小匙
粗粒黑胡椒…少許
荏胡麻油…1/2大匙
麻油…1/2大匙

*可以改用亞麻仁油或橄欖油來取代荏胡麻油、麻油。

作法

1 米飯加入巴西里碎末、火腿丁、鹽、粗粒黑胡椒、荏胡麻油和麻油拌勻。
2 拿一片萵苣，加入作法1的材料即可。

生食memo

總是配角的巴西里含有豐富的β-胡蘿蔔素和維生素C，有助提高免疫力，可大量地混著米飯一起食用。萵苣含有強大的分解碳水化合物的酵素，用萵苣包著吃，對消除疲勞也有幫助。

*推薦食用這道配菜來預防各種文明病

納豆與酪梨的沾醬 >>148kcal

材料・2人份

納豆…1小包
酪梨…1/2個
洋蔥…1/4個
醬油…1小匙
白蘿蔔…適量
胡蘿蔔…適量
西洋芹…適量
小黃瓜…適量

作法

1 先將納豆充分攪拌至產生絲狀物，加入內附的醬油包和芥末包拌勻。洋蔥切成碎末。

2 酪梨去皮去籽後壓成糊狀，與作法1的材料混合拌勻，加入醬油調味。

3 白蘿蔔、胡蘿蔔、西洋芹、小黃瓜切成細長棒狀，沾取作法2的沾醬享用即可。

食memo

由超級無敵健康的納豆與酪梨所製成沾醬，有助於促進血液循環，降低膽固醇，營養效果也很優秀。可以當成早餐或點心，搭配各種蔬菜享用。

皮蛋豆腐沙拉 >>200kcal

材料・2人份

皮蛋…1個
香菜…20g
蔥…4cm
生薑…1湯匙
絹豆腐…1塊
麻油…1大匙
鹽…1/2小匙
胡椒…少許

作法

1 皮蛋切成邊長1 cm的小粒，香菜略切短。
2 蔥、生薑切成碎末。
3 將作法1和作法2的材料、麻油、鹽、胡椒混合在一起，與豆腐一起盛盤。

生食memo

皮蛋中含有蛋白質和鈣質，豆腐含有大豆異黃酮，是一道預防骨質疏鬆的強力料理。皮蛋是由新鮮蛋發酵而成的食品，對健康很有效果。

＊具有排出體內多餘水分的功效

蘋果與高麗菜的捲心菜沙拉

>>121kcal 

材料・2人份

蘋果…1/2個
高麗菜…200g
鹽・粗粒黑胡椒…各適量
醋…1大匙
橄欖油…1大匙

＊可以改用亞麻仁油或荏胡麻油來取代橄欖油。

作法

1 高麗菜切成每邊寬約1.5公分的小塊狀，加少許鹽搓揉後，靜置一段時間。蘋果切薄片。

2 將醋、少許鹽和粗粒黑胡椒混合調勻後，加入橄欖油充分攪拌均勻，再與瀝乾水分的高麗菜和蘋果拌勻即可。

食memo

蘋果散發出來的酸甜氣息，讓人由裡到外煥然一新的沙拉。蘋果中含的鉀，具有利尿功效，能將體內多餘水分順利排出。

奇異果與干貝的薄片義式風味

>>111kcal

材料・2人份

奇異果…1個
干貝(生魚片用)…3個
檸檬…1/2個
鹽…少許
亞麻仁油…1大匙～
柚子胡椒…適量
細葉芹…適量

＊可以改用橄欖油或荏胡麻油來取代亞麻仁油。

作法

1 奇異果和干貝切成3毫米厚的輪狀。檸檬切成扇形。

2 將奇異果與干貝交錯排入盤中(a)，撒上少許鹽，均勻淋上亞麻仁油。附上檸檬、柚子胡椒和細葉芹即可。

a

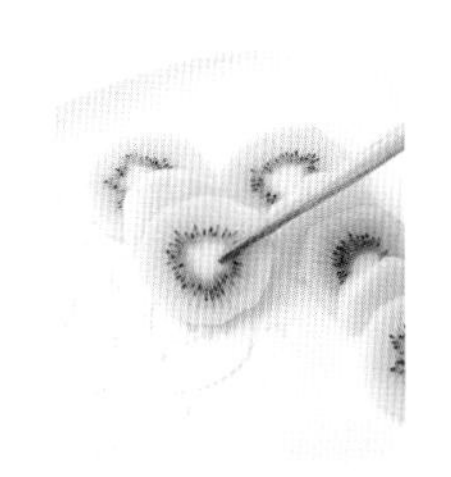

生食memo

香氣濃郁的柚子胡椒，和干貝、奇異果很搭。奇異果中的維生素C和亞麻仁油中含的維生素E，具有防止老化與重返青春的功效，讓肌膚保持濕潤美麗的效果值得期待。

＊排便順暢同時還可補充鈣質

水果沙拉 >>130kcal

材料・2人份

香蕉…1/2根
奇異果…1個
葡萄柚…1個
原味優格…1/2杯
鹽・粗粒黑胡椒…各少許
起司粉…1大匙

作法

1 香蕉切成1公分厚度的輪狀，奇異果切成扇形。葡萄柚撕除白色薄膜備用。
2 原味優格加鹽混合。
3 將作法1的材料放入盤中，再淋上作法2的優格，最後撒上粗粒黑胡椒和起司粉即可。

生食memo

水果中含的果膠成分，能促進排便，再搭配具有整腸作用的優格一起吃，能達到清潔腸內作用。撒上濃濃的起司，就像一道甜點般的沙拉。

＊藉由富含分解酵素的沙拉解決消化不良問題

鳳梨小黃瓜沙拉 >>86kcal

材料・2人份

鳳梨…50g
酸黃瓜…1根
小黃瓜…2根
鹽…1/3小匙

＊沙拉醬

醋…1/2大匙
鹽・胡椒粉…各少許
薑末…1湯匙
荏胡麻油…1大匙

＊可以改用亞麻仁油或橄欖油來取代荏胡麻油。

作法

1. 鳳梨切成一口大小的塊狀，酸黃瓜切薄片的輪狀。
2. 小黃瓜加鹽搓揉後，靜置一段時間，用擀麵棍等工具敲打，再切成一口大小。
3. 將沙拉醬的材料充分攪拌混合，與作法1的材料、作法2瀝乾的水分的小黃瓜大致拌勻後，靜置一會兒，即可食用。

 食memo

將這道發揮鳳梨與醋的作用的醋醃沙拉，推薦給吃肉容易消化不良的人。鳳梨和小黃瓜的酵素能使肉類容易消化，而醋中所含的檸檬酸，則能讓身體充滿活力。

column 2

對這樣的狀態有效！強力推薦的二菜組

這也是「生食」和「熟食」配菜的組合，
為了盡量解決大家身體上的不適，我試著設計了幾組菜單。
總覺得很累、提不起幹勁……
這些，都可以藉由日常食物獲得緩解，請務必試試。

1

常覺得壓力大

菠菜沙拉

（P72）

＋

料多的蔬菜燉湯

（P28）

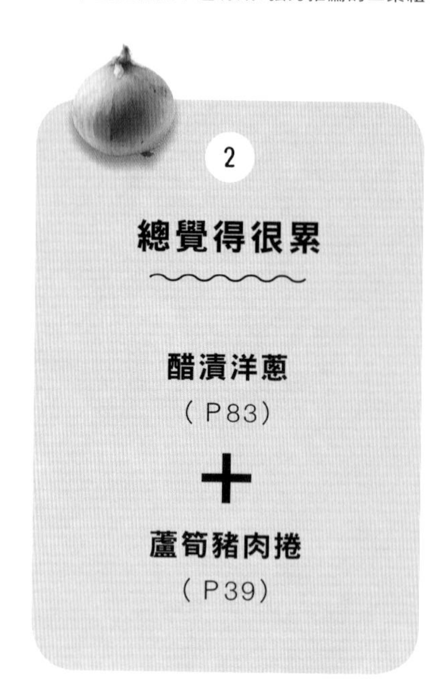
2
總覺得很累
醋漬洋蔥
(P83)
+
蘆筍豬肉捲
(P39)

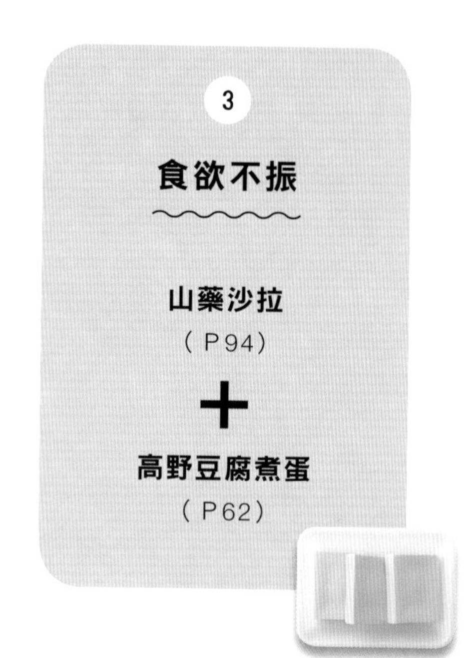
3
食欲不振
山藥沙拉
(P94)
+
高野豆腐煮蛋
(P62)

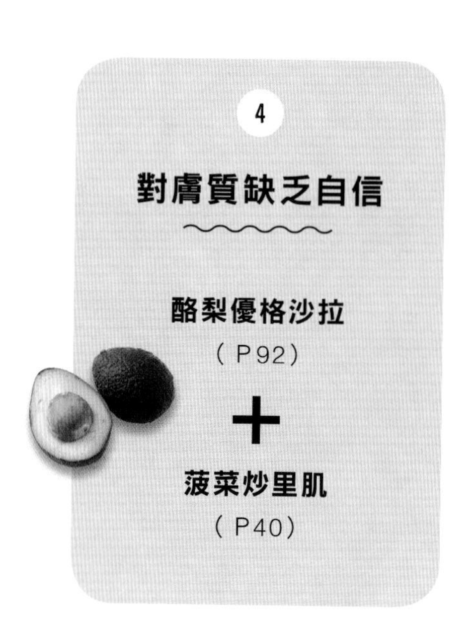
4
對膚質缺乏自信
酪梨優格沙拉
(P92)
+
菠菜炒里肌
(P40)

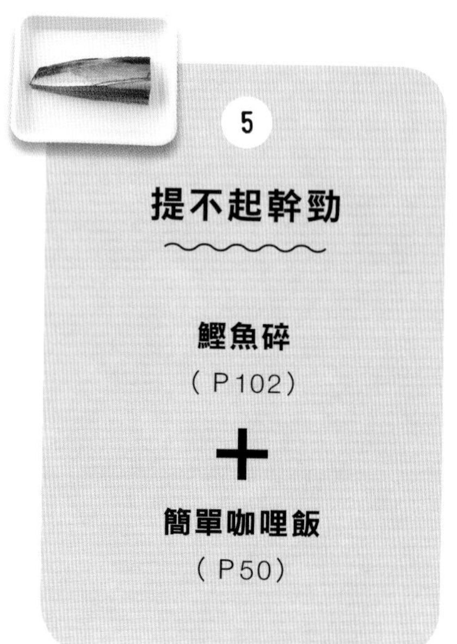
5
提不起幹勁
鰹魚碎
(P102)
+
簡單咖哩飯
(P50)

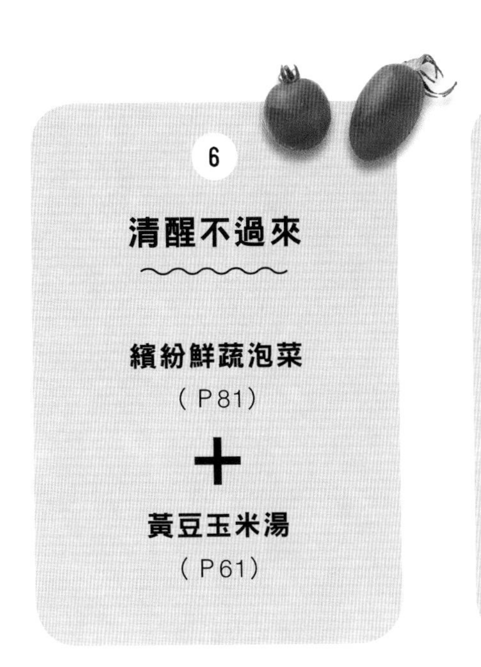

6

清醒不過來

繽紛鮮蔬泡菜
（P81）

＋

黃豆玉米湯
（P61）

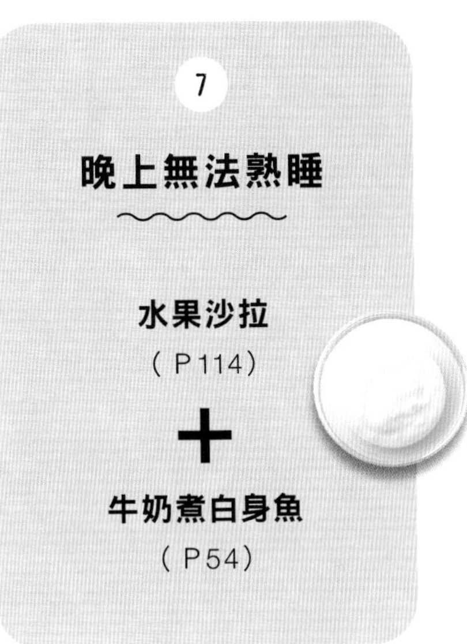

7

晚上無法熟睡

水果沙拉
（P114）

＋

牛奶煮白身魚
（P54）

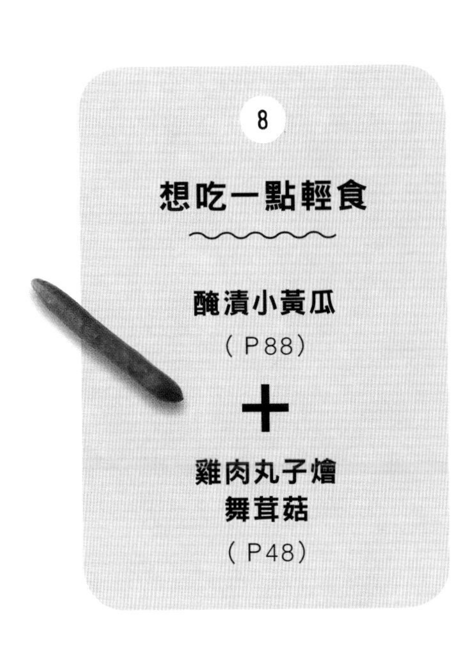

8

想吃一點輕食

醃漬小黃瓜
（P88）

＋

雞肉丸子燴
舞茸菇
（P48）

9

希望比較耐餓

秋葵拌飯料
（P93）

＋

大麥炒蛋
（P38）

美味快速上菜的 生菜 + 肉·魚 的 一道菜

要求每天準備生食熟食二道菜，真的不容易！
推薦給忙碌的女性或想偷懶時的一道菜。
只要將生菜和煮熟的魚或肉放在同一盤中，
不僅可以吃得津津有味，
還能享受兩者結合所帶來的美妙滋味！
只要善用一些技巧，將不同的食物加以搭配，
就能簡單做出美味的菜餚，請務必試試。

column 3

白蘿蔔泥
薑汁淋醬
＋
漢堡肉

＝均衡滿點的營養

漢堡肉佐白蘿蔔泥薑汁淋醬

>>358kcal

材料・2人份

*餡料
- 絞肉…200g
- 鹽…1/2小匙
- 胡椒粉…少許
- 雞蛋…1/2個
- 洋蔥碎末…1/2個

*白蘿蔔泥薑汁淋醬
- 白蘿蔔…200g
- 薑末…1湯匙份
- 青紫蘇…4片

番茄…1個
混合沙拉菜…適量
橄欖油…1大匙

作法

1 絞肉撒上鹽、胡椒粉，充分混合。接著加入雞蛋拌勻，再加入洋蔥混合均勻。均分成兩等份，整形成圓片狀。

2 平底鍋中倒進橄欖油加熱，將作法1的漢堡肉排入鍋中，煎至上色後翻面，蓋上鍋蓋，以小火續煮5到6分鐘。

3 白蘿蔔磨成泥狀，稍微擰乾水分，與薑末、切成粗末的青紫蘇葉混合。

4 將漢堡肉放入盤中，上面放上大量作法3的材料，附上切成扇形的番茄、混合沙拉菜即可。

番茄洋蔥沙拉 ＋ 香煎雞腿排 ＝ 緩和肩頸僵硬的症狀

香煎雞腿排佐番茄洋蔥沙拉 >>441kcal

材料・2人份

雞腿肉…300g
鹽…1/2小匙
胡椒粉…少許
＊番茄洋蔥沙拉
- 番茄…1個
- 洋蔥…1/4個
- 蒜泥…少許
- 巴西里碎末…1大匙
- 鹽・胡椒粉…各少許
- 荏胡麻油…1大匙

橄欖油…1大匙

作法

1. 雞肉較厚的部分稍微切開，撒上鹽和胡椒粉。
2. 番茄切成1公分厚度的扇形，洋蔥切碎末，與蒜泥、巴西里碎末、鹽、胡椒粉、荏胡麻油大致拌在一起。
3. 平底鍋中倒進橄欖油加熱，雞皮面朝下放入鍋中，煎至焦黃後翻面，繼續煎到焦脆，切成容易吃的大小。
4. 雞肉盛入盤中，上面鋪上作法2的沙拉。

＊可以改用橄欖油或亞麻仁油來取代荏胡麻油。

水果沾醬 ＋ 豬排 ＝具有消除疲勞的效果

豬排佐水果沾醬 >>466kcal

材料・2人份

薑汁豬肉片用…200g
鹽…1/3小匙
胡椒粉…少許
麵粉…2大匙
*水果醬
香蕉…1/2根
鳳梨…50g
奇異果…50g
酸黃瓜…20g
白酒…1大匙
鹽・粗粒黑胡椒…各少許
亞麻仁油…適量
橄欖油…1大匙

*可以改用橄欖油或荏胡麻油來取代亞麻仁油。

作法

1 香蕉、鳳梨、奇異果切成1公分的小丁，酸黃瓜切碎。將這些材料與白酒、鹽、粗粒黑胡椒混合均勻備用。
2 豬肉撒上鹽和粗粒黑胡椒，裹上薄薄一層麵粉。
3 平底鍋倒進橄欖油加熱，豬肉片放入鍋中，煎香後盛盤。附上作法1的佐醬，以繞圈方式淋上亞麻仁油即可。

胡蘿蔔泥淋醬 ＋ 蒸豬肉片 ＝ 減肥效果

蒸豬肉片佐胡蘿蔔泥淋醬 >>569kcal

材料・2人份

梅花豬肉片…400g
鹽麴…4大匙
糖…2大匙
＊胡蘿蔔泥淋醬
　小黃瓜…1根
　胡蘿蔔…1/2大根（100g）
　熱湯汁…1/4杯左右

作法

1 豬肉加鹽麴和糖搓揉，靜置30分鐘左右。
2 鍋內加入能夠淹過材料1的水，蓋上鍋蓋，待煮滾後，轉小火續煮15分鐘，翻面再蒸15分鐘。靜置待涼。
3 將小黃瓜和胡蘿蔔磨成泥狀，稍微去除水分，加入作法2的熱湯汁混合備用。
4 豬肉切成1公分的厚度，盛盤，淋上作法3的醬汁即可。

涼拌高麗菜 ＋ **脆皮雞肉** ＝ **美肌效果**

涼拌高麗菜跟脆皮雞肉 >>411kcal

材料・2人份

高麗菜（兩色）… 300g
巴西里碎末 … 3大匙
雞腿肉 … 300g
鹽・胡椒粉 … 各適量
＊調味料
醋 … 1/2大匙
蜂蜜 … 1小匙
鹽 … 1/3小匙
顆粒芥末醬 … 1小匙
橄欖油 … 1大匙

作法

1 雞肉撒上1/3小匙鹽和少許胡椒粉，平底鍋倒進橄欖油熱鍋，雞腿肉入鍋煎至上色。
2 在作法1中加入蜂蜜、鹽，一邊煎一邊翻面，使雞肉熟透入味。最後裹上顆粒芥末醬。
3 高麗菜切絲，與巴西里碎末混合拌勻，拌入少許鹽和胡椒粉。將高麗菜絲與切成一口大小的雞肉混合裝盤即可。

小松菜白蘿蔔泥 ＋ 鯖魚煮物 ＝ 讓牙齒變堅固

鯖魚煮物與小松菜白蘿蔔泥 >>247kcal

材料・2人份

鹽味鯖魚…1/2尾
水…1杯
醬油…1/2大匙
糖…1/2大匙
薑片…1湯匙
小松菜…1/2把（100g）
白蘿蔔泥…200g
太白粉水…1大匙

作法

1 鹽味鯖魚切成4等份。
2 將水、醬油、糖一起放入鍋中煮開，魚皮那一面朝上排入鍋中，加入薑片熬煮4至5分鐘。
3 小松菜切成1公分長的小段，與白蘿蔔泥混合，稍微擠去水分。
4 鯖魚盛入盤中，在上面放入作法3的材料，再將鍋中的湯汁勾芡，淋入魚盤即可。

蘋果 + 香煎咖哩雞 ＝維護皮膚和黏膜的健康

蘋果沙拉煎咖哩雞 >>367kcal

材料・2人份

雞翅…6支
鹽…1/2小匙左右
胡椒粉…少許
咖哩粉…1小匙
蘋果…1個
*調味料
水…2大匙
蜂蜜…1大匙
鹽…少許
醋…1大匙
橄欖油…1大匙

作法

1 將雞翅劃上幾刀並攤平，用鹽、胡椒粉、咖哩粉搓揉。蘋果剖開成對半，切薄片。
2 平底鍋中倒進橄欖油加熱，雞翅放入鍋中，煎至上色酥脆。
3 在作法2的鍋中放入調味料煮滾，煮到湯汁收乾。加入蘋果薄片，大致翻拌均勻。

PROFILE

濱內千波 (料理研究家)

＊設立Family cooking school。http://www.fcs-g.co.jp/

＊在日式料理、西式餐點、中式料理、異國料理、糕餅甜點都有涉足，創意豐富的料理研究家。尤其以遵循基本規則，用最輕鬆的方式製作出美味料理的技巧，深受好評。

＊平日除了忙於為雜誌書籍撰文外，還參與演講活動、企業的菜單開發等等。現在是「PON!」日本節目的固定來賓。

＊著有《シニアのための健康ひとり鍋》（KADOKAWA /中経出版）、《家族の脳を元気にする楽うまごはん》（医道の日本社）、《朝に効くスープ夜に効くスープ》（日本文芸社）等書籍。

TITLE

生食+熟食 雙菜健康餐桌

STAFF

出版	瑞昇文化事業股份有限公司
作者	濱內千波
譯者	劉蕙瑜
總編輯	郭湘齡
責任編輯	黃美玉
文字編輯	徐承義、蔣詩綺
美術編輯	陳靜治
排版	執筆者設計工作室
製版	明宏彩色照相製版有限公司
印刷	皇甫彩藝印刷股份有限公司
法律顧問	經兆國際法律事務所　黃沛聲律師
戶名	瑞昇文化事業股份有限公司
劃撥帳號	19598343
地址	新北市中和區景平路464巷2弄1-4號
電話	(02)2945-3191
傳真	(02)2945-3190
網址	www.rising-books.com.tw
Mail	resing@ms34.hinet.net
初版日期	2017年9月
定價	280元

ORIGINAL JAPANESE EDITION STAFF

ブックデザイン	鳥沢智沙（sunshine bird graphic）
撮影	三村健二
スタイリング	中村和子
調理アシスタント	本田祥子
	夛名賀友子（ファミリークッキングスクール）
校閲	滄流社
企画・取材・構成	菊池香理
編集	上野まどか

國家圖書館出版品預行編目資料

生食+熟食 : 雙菜健康餐桌 /
濱內千波作 ; 劉蕙瑜譯. -- 初版.
-- 新北市 : 瑞昇文化, 2017.09
128面 ; 14.8 X 21公分
ISBN 978-986-401-184-1(平裝)

1.食譜 2.健康飲食

427.1　　106010748